这个世界上第一个教会我无条件地爱的人

爷爷、奶奶、妹妹与我

爷爷的"八小福"

2011年2月21日,爷爷过世后在阿姆斯特丹过的第一个生日

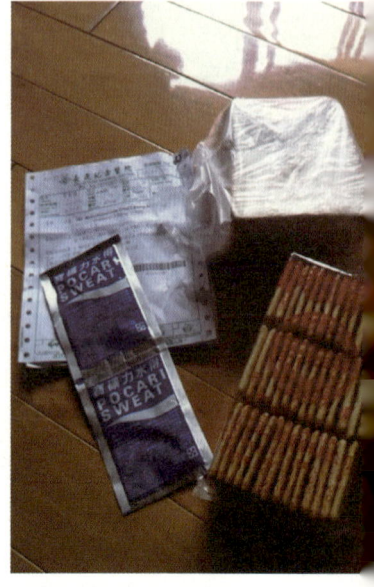

2011年,带着急性肠胃炎前进去看北极光

2011年春，5件上衣3条裤子的阿拉斯加极光之旅

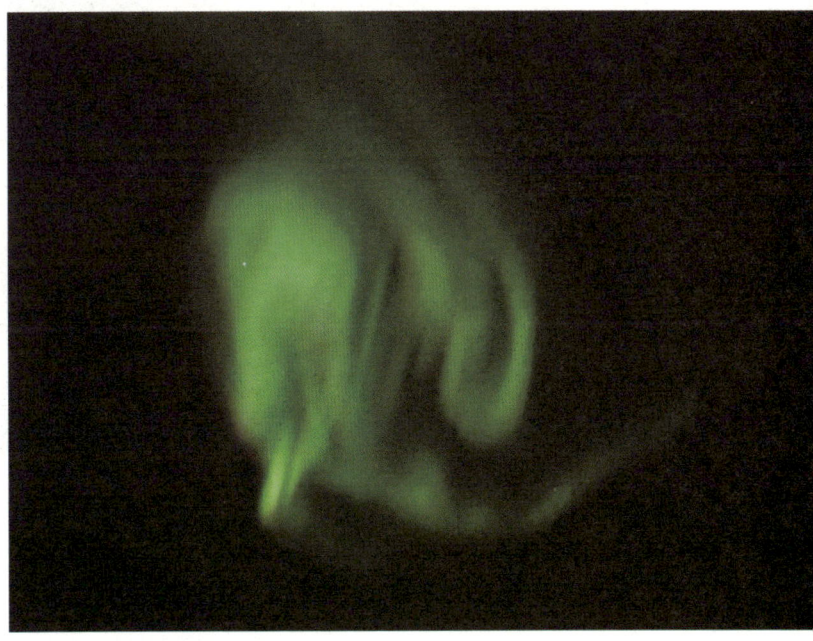

手机拍的跳舞极光

2012年7月17日，就是今天，我想跟人生说声谢谢。谢谢你给我们这么多考验，让我们能哭会笑，知道自己的存在

2012年11月,就是这片沙滩,就是这个夕阳,人生的转折点

2012年11月，
在吉利特拉旺
安度假

每年的池上秋收对我来说都是充电,教会我"日日是好日,天天是好天"

坐上这架飞机的时候，
我并不知道人生的神奇
正在等着我

2017年，在四川圣湖

2015年，参加《极速前进》

2017年5月，一棵教会我们无所事事的美好的大树

2017年6月，在美国夏斯塔山

2017年7月,一个人在京都

2018年1月,第一次禅七

2018年4月,我回到了阿姆斯特丹

2019年1月,在埃及看了数不清的神殿

看感动到落泪的日出

不管在哪一个城市，只要有树有草地，我就会忍不住想脱了鞋子踩上去

2019年夏，我与阿尼塔

2019年12月，京都的彩虹

2020年11月，
第二次禪七

跟神木交朋友

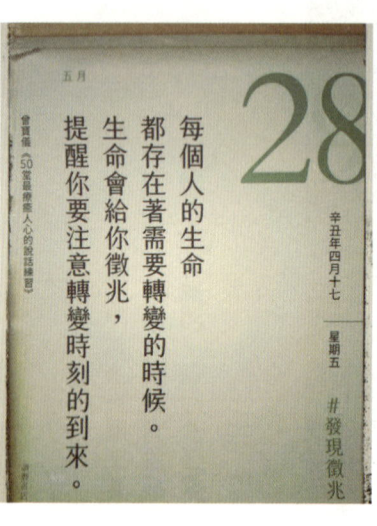

五月

28

辛丑年四月十七

星期五

#發現徵兆

每個人的生命都存在著需要轉變的時候。生命會給你徵兆，提醒你要注意轉變時刻的到來。

曾寶儀《50堂最療癒人心的說話練習》

大学毕业一身是胆

人生最大的成就　是成为你自己

版权所有 © 曾宝仪
本书版权经由天下生活出版股份有限公司通过凯琳国际文化版权代理授权金城出版社有限公司出版简体字版权,非经书面同意,不得以任何形式任意重制、转载。

人生最大
的成就
是成为你
自己

曾宝仪 著

金城出版社
GOLD WALL PRESS
· 北京 ·

图书在版编目（CIP）数据

人生最大的成就　是成为你自己 / 曾宝仪著 .
—北京：金城出版社有限公司 , 2023.5
ISBN 978-7-5155-2069-8

Ⅰ . ①人… Ⅱ . ①曾… Ⅲ . ①人生哲学－通俗读物　Ⅳ . ① B821-49

中国版本图书馆 CIP 数据核字 (2022) 第 155751 号

人生最大的成就　是成为你自己

著　　者	曾宝仪
责任编辑	李明辉
责任校对	高　虹
责任印制	李仕杰
开　　本	880 毫米 ×1230 毫米　1/32
插　　页	16
印　　张	6.75
字　　数	160 千字
版　　次	2023 年 5 月第 1 版
印　　次	2023 年 5 月第 1 次印刷
印　　刷	天津旭丰源印刷有限公司
书　　号	ISBN 978-7-5155-2069-8
定　　价	52.00 元

出版发行	金城出版社有限公司　北京市朝阳区利泽东二路 3 号　邮编：100102
发 行 部	(010)84254364
编 辑 部	(010)64391966
总 编 室	(010)64228516
网　　址	http://www.jccb.com.cn
电子邮箱	jinchengchuban@163.com
法律顾问	北京植德律师事务所　（电话）18911105819

推荐序

宝仪平安

作家、诗人、画家　蒋勋

我大概有 20 年没有看电视了，所以我认识的曾宝仪不是电视上的曾宝仪。

我认识的宝仪总是在池上，在秋收时分，她站田中央，背后是一片 175 公顷即将收割的金黄稻田。无边无际的黄金稻穗，在阳光里闪闪发亮，或随微风摇曳，或在早来的东北季风呼啸下伏仰飘拂。

稻田后面是连绵不断高耸陡峻的中央山脉，云岚在峰峦间缭绕变灭，如此巨大壮丽，又如此如梦幻泡影，这是我认识的宝仪的生命背景。

连续几年的秋收，宝仪都担任主持人。恰如其分地介绍活动的开场，恰如其分地介绍参加演出的团体，云门舞集、优剧场、桑布伊、阿妹、陈建年……

"恰如其分"是一种修行，从容不迫，不夸张任何人事，也不冷落任何人事。

宝仪在我不熟悉的演艺圈，有演艺圈不为外行人知的艰难修行吧。

"宝仪主持得很好。"我由衷赞美,"她是有名的主持人啊……"听到的人觉得我或许孤陋寡闻吧,便介绍了宝仪在电视上主持的一些节目。

我想到的不是电视,我是在想,要有如何安静的修行,可以站在中央山脉前面,站在 175 公顷的黄金稻穗前面,站在池上秋天瞬息万变的风云前面,这样笃定,恰如其分地主持一场天地间众生的聚会,不像是文艺娱乐,其实每一次秋收,我都觉得有日月山川的神灵齐聚,如《维摩经》里说的一场不可思议的欢喜法会,我想:宝仪在法会里也会如此恰如其分吧。

很少人会赞同把文艺娱乐的演出比喻为"法会"吧……

我确实如此想,想到维摩诘要用法力把居室的空间弄大,安排坐次,可以容纳更多人参加,想到文殊师利如何带领一群喜孜孜的群众踊跃前来,想到维摩诘称疾卧在病榻,想到文殊开口询问:"你为什么生病了?"想到维摩诘惊人的回答:"从痴有爱,则我病生。"

每一场表演都像一场法会,每一场法会其实也是一场表演。

因为痴爱,所以病了。

维摩诘的回答似幻还真,像脱口说了心事,又像按着剧本念的台词。

宝仪那时在哪里?宝仪时常在演艺圈、在舞台上,是按照剧本念台词,还是忽然脱口就说了心事?

我在秋收的现场,多次觉得宝仪说着很深的心事。

有时候秋收连着三天,第一天大太阳烈日炙晒,地板火烫,舞者赤足都被烫伤,第二天,所有人准备再抗烈日,结果刮大风下暴雨,我把自己包得紧紧的,头脸都是水,眼睛有点睁不开,却听到宝仪用很安静的声音说："看一看，云在山头上升起来了……"是的，有风起云涌的时候，有风停树静的时候，生命无常，修行或许就是恰如其分通过那一次一次的无常吧……

宝仪写下她生命中许多无常，嘱我为序，我认识的只是秋收时的宝仪，不宜多说。曾经在池上秋收随她的声音指引，看到风停、雨止、山静、云闲，知道一切无常也都会平安。

宝仪平安……

2020 年大雪后 2 日于知本清觉寺

推荐序

我专属的心灵导师

演员　谢盈萱

曾宝仪总说"我是来了解这个世界,而不是来评断这个世界",她美好的特质显化在她的视野,对于光明,她充满爱,对于黑暗,则满怀谅解。

而今她将她一路的人生问答汇整于此,我有幸能够推荐我专属的心灵导师给所有读者,那些别人看不见的低谷,甚至被自己漠视的旧疾,通过她的蜕变,让我们以此书慢慢向内抽丝剥茧,并一步步成就和解的自己。

目录
Contents

导读　她想成为一个自由的人 001

前言 010

第一章　生命觉醒的那一年 012

　　如父如母的爷爷离世 014

　　对工作和生命产生莫大的质疑 021

　　一个夕阳带来的祝福 024

　　环环相扣的际遇 031

　　菩提树下的泪水 039

　　人生转捩的第三道大门 045

　　你与奇迹的距离只差了相信 051

第二章　停下来检视自己人生 056

回想童年，我时常有被遗弃的感觉 058

我是谁？不再被身份所局限 067

问自己"然后呢"，找寻生命答案 075

这些真的是你想要的吗 082

什么才是爱 089

彩虹教会我的事 099

什么才是自己 108

第三章　重新与自己联结 118

其实，每个人都是有选择的 120

你紧抓不放的是什么 125

在情绪里，有什么是我要学习的 131

想要得到什么，先让自己成为什么 139

当下就能改变，你随时可以砍掉重练 146

你愿意让原生家庭的影响变小吗 154

换位思考，让你的限制成为优势 161

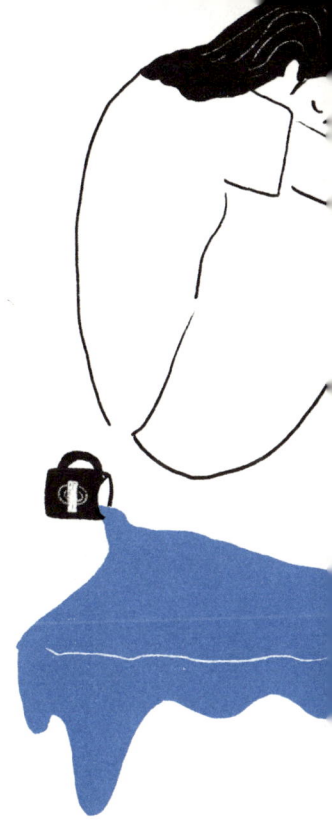

第四章　选择与爱联结 168

现在你可以静下来，聆听自己的声音 170

退一步看，不陷入情绪漩涡 180

思考死亡才能活出人生 185

观照自己身体真实的反应 188

我们都在路上，生命都是礼物 191

后记 196

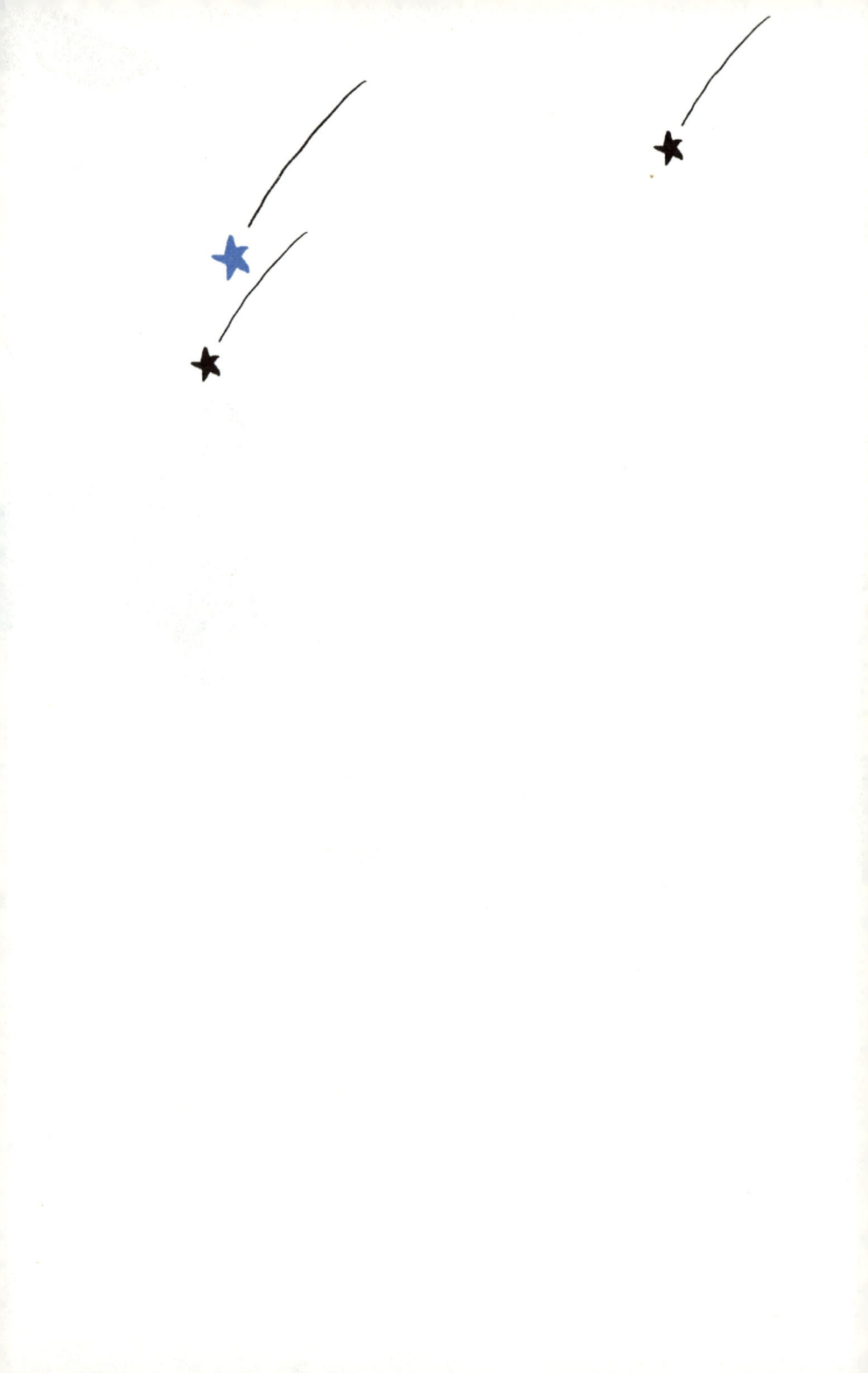

导读

她想成为一个自由的人

蔡璧名

庄子说:"指穷于为薪,火传也,不知其尽也。"人有形的躯体生命,就好比薪柴,有老旧腐坏、燃烧殆尽的一天;但无形的灵魂生命,却可以像火苗般继续传递下去,不知道有灭绝的一天。基于此对生命实相的认知,在那世人重视"事亲"、"事君"、孝顺爹娘、忠爱君主的时代,庄子提出重省生命价值序位的反思,强调"自事其心",将注意力归返于"心",才是人人都该前置于生命清单中的首选项目,视为人生首要功课,胜于或至少不亚于对情爱、家庭、事业、财富的追求。

于是主张在人生的顺境、逆境中,实习、锤炼此"心"能"安",不再放任悲伤、狂喜搅扰于心(毕竟皆缘自对心外之人、事、物的过度在意与执着),解消身系俗世的种种束缚,达到人生于世原本即能拥有的最大松绑与解脱。

2300多年前,庄子行走于中国,向世人揭示一种即便置身荆棘丛中,双足仍能不为荆棘所伤的用心、治身、用情方式。

2500多年前,佛陀在菩提树下的座中悟道。

而佛陀悟道、庄子体道的缘起,皆是生命中难以回避的"生、老、病、死"和"苦、患、害、伤"。

身为文化经典《庄子》的爱好者、传播者，初阅《人生最大的成就　是成为你自己》，内心有难以言喻的感动与敬意。

生命清单首选：此生最重要的功课

作者曾宝仪，一位自3岁起"时常有被遗弃的感觉"的女孩，一朝"如父如母的爷爷离世"，在泪眼迷茫的辛苦遭逢里，她的"心"，并非"选择"陷溺在苦楚艰难的处境中，反而因痛失所爱而"选择"入道。

小寒之夜展读，觉察到作者不时以"偶开天眼觑红尘，可怜身是眼中人"（王国维《浣溪沙》）的高度，"通过人生的经历"，不断地"思考自己有没有'好好成为自己'"。流畅生动的叙述，让读者不禁时而随之置身红尘泥淖，时而飞升云端"照之于天""偶开天眼"。在阅读曾宝仪此书的同时，不禁叩问自身：我有好好成为我自己吗？这也正是作者著作的初衷。

"此生最重要的一个功课，就是好好地成为自己。"

随着作者走笔而行，得见其行迹走出教人惊艳的转向，作者意识到：

"对我来说，我就好像旋转木马一样的生活，我一直绕……一直绕……好像一直在动，却又哪里都没去。"

"电影里说的那些目标清单，根本不是我真正的目标清单。"

"我真的要用这一切，只为了换那一山接着一山高的存款目标吗？"

"成功了、得到掌声了，然后呢？""死了，然后呢？""我想要找到一个终极性地答案，一个不是为了暂时填补空白的阶段性答案。"

"一直以来，我努力地做一个很好的女朋友，但却忽略了一件事——如果我没有成为我自己，我就不可能成为一个最好的女朋友，或许该说我根本不需要成为一个最好的女朋友，我只要成为我自己就好……真正爱我的人，不会想要我做那个'最好的女朋友'，他只会想要我成为'最好的我自己'。"

"当我们定义出生活中的优先顺序，那是一种厘清，而不是委屈或牺牲。"

对生命"终极答案"的探寻，是宗教家的、哲学家的，却也是曾宝仪的。我不禁联想起当代正向心理学名家本－沙哈尔对于人生"终极货币"的追问。作者并将自我追问的答案付诸实践，以致2016年在美食旅游节目《吃光全宇宙》的共同主持伙伴，对"有工作还挑着做""坚持要好好休息、要能睡饱"的作者，便用"懒"字来形容。——阅读至此，我暗自心惊：殊不知"懒"字正是习武之人，欲练就上乘功夫的至要关键！

由向外而向内：心迹有意识地转向

注意力由向外，转而向内，万法归一，一归此心。

"我的心有一个地方被打开了，在那之后，我看待这个世界的方式完全不一样了。"

"感恩是一种看待事情的角度，能看见生命的礼物无处不在。"

把"在意"从"向外"转而"向内"之后的人生路上，作者引领我们看到把心向内之后的世界，绝非与世界的隔绝、疏离；而是感知、感恩能力的不断推扩与展开！于是见证了180度改变的绮丽世界，结交了迥异以往的知交挚友，无论是大自然、是人、是工作、身体或自身居住的房舍。

由衷感激惊觉：巨大的爱一直都在

夕阳、草地、树、月蚀等，作者惊觉大自然给予的巨大之爱，一直都在：

"对我来说，这件事情意义非凡。从此我能感觉自己不孤单，也不再需要执着于世俗的肯定或赞美。别人的称赞与肯定，保鲜期不过一天，那场夕阳给予我巨大的爱，却停留在我心中一辈子。"

"我喜欢接触大自然。每当我踩在草地上，我总是非常感恩，这世界上有草地的存在，是多么美好的事！树对我来说，也是很特别的存在，我会去抱树，会和它们分享我的开心与不开心。树一直都在那里，无论高低起伏，都接纳着我，这让我由衷地感激。"

"大自然就是上天赠予我们最棒的疗愈礼物。"

"我反而认为那份爱，好像一直都在；只是我不知道为什么在那一年的那一刻，才突然惊觉，它其实一直都在。"

心转向后，知交好友除大自然之外，自然也含括人：

"如果身边熟悉的人同时有细致的觉察能力，他们也将协助我们看见自己未能意识到的模式。"

"你要好好地跟你身边的人相处，你有把时间留给他们吗？当他们来到的时候，你有认出他们吗？你有感受到他们的珍贵之处吗？"

"而我跟大家分享所谓的'天、地、人'这三个体验后，

我很想跟大家讲 —— 不需要去巴厘岛，也不需要去菩提伽耶和塔希提。"

"问题是，当那个'时刻'到来时，你认得出它们来吗？"

包括好的工作，会为你带来正面能量交流：

"一份好的工作，能带给你养分、让你感觉受到支持，好的工作会带来一种能量交流的感觉，让你有成长、有学习。"

尤其是身体，它才是陪你走完人生全程的超级好朋友：

"每当我觉得有什么不太对的时候，通常我的身体会有反应，或许是肌肉的紧绷、呼吸的急促，或是心中升起一股烦躁感，就是不平静。这时我会知道，内在的警钟似乎响起，我需要去看看哪里出了问题。"

"而如果你看到了，那就是生命转折点。而且身体不离不弃陪伴你，最终，能陪你走完人生全程的，不是父母子女伴侣，而是你的身体啊！"

甚至由衷感谢供自身居住的房舍：

"每天回家，我都对我的房子由衷感谢。当我带着这个心念去生活，我会和我的房子有更多的联结，我会有意识地好好安排，打点我的家，那么当然，它就真的能成为一个滋养我、疗愈我的空间。"

通过作者的笔端，与读者照面的是个"好学"的生命。她的学习并未停格于书本中、学院里、旅途上，一如作者所言：

"能够被活出来的，才是真正的学习。"

如果美国哈佛大学格兰特研究历时 76 年的研究成果属实：在红尘俗世里决定人生幸福的主要关键并非财富、名位、学经历，而是生命中是否得以遇见"真爱"，那么，好学如斯的作者，却能在天伦之乐源泉稀薄的命途中，用"心"翻转人生，从此幸福之感便在日月推移中无所不在：

"如果生命是由外在世界和内心世界所构成，我们时时可以选择，将注意力放在外在世界，或是内心世界。当我们选择把注意力完全放在外界，就会忘了'向内看'。"

"当我带着觉察去做料理，那么煮饭也是在静心。我投入每个当下，从食材挑选、处理，到炉火上的调味、拌炒、熬煮、装盘……上桌时我用心品尝、细细咀嚼，这无疑就是一趟完整的静心过程。"

返本归根内心：少女庄子心情身影

作者的求道之路教我不时惊艳的原因，许因书页间时而有如少女庄子的心情、身影映入眼睑。庄子说"神凝"，宝仪说"当我观照着内心去说话，我说话的时候就是在静心"。庄子说"逍遥""安之若命""哀乐不入"，宝仪则为读者辨析"快乐"不等于"心安"："我不能执着于追求快乐，因为当我一心追求快乐，那就是一种贪。当我得不到，就会有苦。就像在京都旅行中，我一心想着要去手作市集，当我执着于它必须发生，就会因为无法实现、尚未实现而被困住，进而受苦。

就连谈及静心的身体姿势："姿势舒服就好，但唯一的要求是背要挺直。"也与庄子的身体技术"缘督以为经"出而合辙。且求道旅程的终极目的，都不在遥远的彼岸、天堂或西方极乐世界，庄子就在"乘正御变"的当下，觉知"无成与毁"（作者说"让你的限制成为优势"）的每刻，而宝仪让读者明白：目的就在生命中的每一途次、每个当下：

"我想成为一个自由的人。如果我太过于执着,一定要发生某些事情才能带来快乐,这样的想法就会成为我的限制,我也会因此不自由。尤其,当事情没有如愿发生,我就会不快乐。"

"每个人的路径都没有对错好坏,该走到的都会走到,无论过程为何,那都是人生给予我们独特的礼物。"

简括言之,都是致力返本归根:

"问题永远不在外界的东西或人,而是我们自己。"

"所以,无论遇到什么事,永远要回到内心去寻找答案。"

"我渐渐明白,真正的、持久的快乐,从来都是来自内心。好吃的美食、温暖的安慰,当然都会让我感到快乐,但如果我能时时保持在一个愉悦的频率,就算没有人来给我安慰、没有吃到超级美味的食物,我也可以是快乐的。"

且都是凿掉多余的石块,留下并扩充自我生命中原本存有的美好潜质:

"我总是从什么'不是'什么,看见什么'是'什么。我从什么不是爱,慢慢明白什么是爱,也从什么不是我,逐渐厘清什么是我。这几年我最大的收获,就是不断地和所有'不是我'的事物告别。只要我不要再背负这些'不是我'的事物,我就能更加和自己靠近。我就能成为一个更加自由的我。如果'自由'对我来说是某个人生的目标的话,我现在开始'有意识'地想朝这个目标迈进。"

慎选可以选择:心情、微笑、感恩、天堂

值得品味再三的是,全书得见作者反复致意的叮咛,像极了庄子说的"咸其自取"——你是自由的,你是可以选择的,

亲爱的读者，别忘了自己的的确确是可以自由选择的呀！温柔的呼唤回响于已然阖页的耳边：

"每一个选择，都定义着你的生命，决定你要活在一个什么样的世界。"

重点不是你做了什么，而是你用什么样的心情做；你用什么样的心情做，决定了你做事情的成果。

"就我而言，我清楚地知道，我选择喜悦、我选择想要得到微笑，因此我选择去感恩。"

"我们可以执着地认定那是我的缺陷，也可以选择，把缺陷变成我的优势。"

"只要每一次做选择的时候，都选择靠近爱的频率，那么我们就能时时活在爱里，而不是被恐惧侵袭，你我都是有选择的。每一个当下，我们都在做选择。"

"请慎选你靠近的能量、慎选你的阅读，当然，也要慎选你的老师。"

至于人生可以千差万别地选择，何以至要的枢纽，会是凡人必须归根返本的"心"？作者说：

"如果人生有选择，我会选择没有地狱的那一个；因为如果我选择有地狱的那个，我就会每一天都活在地狱里，当我心里有地狱，我就是地狱。"

"当你选择某一种信念，你可以立刻活在天堂；当你选择另一种信念，即使尚未死去，也可能置身地狱。"

原来这位童稚时期、少女时代一路跌跌撞撞、泪目走来的女子，想要带领更多坎坷中、泪目中的人通往的道路是：心天堂，世界就天堂。

至于书中闪烁如星子、极富文学性的金句,如:
"那晚的月光是如此明亮,再设路灯也只是多余。"
请读者于书页间随手拣拾,我就不一一赘述了。

2020 年 12 月 28 日子夜璧名书于嬝慕堂

前言

如果觉醒是关于任何事，那就是变得平凡。
它是关于变成真真正正的我们。
——阿迪亚香提，《真正的静心》

回看我的人生，在 2010 年之前，我活得就是一个完全符合社会期待的人生。

我努力活出一个不是隔代教养、单亲家庭的女孩模样，我努力考上理想的学校，挤进一个光鲜亮丽的职场环境。我成为畅销歌手，参与许多电视节目，还因为一个很大的绯闻成为众人目光的焦点，我努力克服挑战、度过风风雨雨，努力做到无愧于心。我演戏、唱歌、主持，能做的我都尽力尝试了，我以为这样就可以了。

但我的人生，依然有一种说不上来的不对劲。

2010 年到 2012 年，是我人生非常重要的三年，那三年，我经历了严重的低潮。生命中的低潮人人都有，只是呈现方式不尽相同。有些人的低潮是身体疾病、心理忧郁，有些人是破产，或是亲人离世……我的低潮，是很多事件的累积。

2011 年，我最亲爱的爷爷离世，那成为压垮我生命的最后一根稻草。但许多事情，在此之前早有铺陈。那时的我，对于感情感到无以为继,不知该如何走下去;我的工作也让我感到彷徨迷茫,我不明白工作的意义,除了把日程填满,我不知道接下来该何去何从。我焦虑、失落,晚上睡不着觉,每天早上都觉得张开眼睛是件非常可怕的事。

"不好意思,我爷爷走了,我必须要整理我的人生。"爷爷的离世给了我一个理所当然的出走理由。我放下手边的工作,毅然出去旅行。要是平常时候,突然的崩溃会让人们不解或担心,但这个时候放下一切,没有人会说第二句话。

然而,当我把先前列的所有人生目标清单一项项完成,却发现心里依然空了一块,我才明白,电影里说的那些目标清单,根本不是我真正的目标清单,也不是我人生的解答。

于是,接下来几年的变化,一点一点在我身上成形,让我知道我的人生该朝什么方向走。那不是看过一本又一本心灵成长书找到的,而是我通过自己的生命尝试走出来的。

当然,那段时间我也读了大量的身心慰藉书籍,从中我意识到,这个世界原来还有另外一种选择,人生还可以有其他的可能。人生不是由排行榜决定的,不是老师从课本里教给我的,不是由成绩单、由父母的期望、由银行的存款去定义的……原来这个世界,还有别的选择,而这趟心路历程与我领悟到的结晶,就呈现在本书中。

第一章

生命觉醒的
那一年

1 — WAKING UP

如父如母的爷爷离世
压垮我最重要的一件事

我人生的分界点，是从 2012 年开始的。

一切都发生在 11 月底，很靠近 12 月冬至，也就是当时人们说的 2012 年世界末日的时候。

现在想想，我早就为 2012 年的到来做了不少准备。从 2010 年年起，我就开始阅读一些和 2012 年世界末日有关的资料。

其实我也是经历过 1999 年世界末日预言的一代，那时候的我完全不以为意，但不知为什么，2012 年的末日预言，我格外在乎，可能那几年刚好也是我人生中的低潮，我经历了生命中最重要的爷爷过世，因此开始对死后世界、生前计划的主题感兴趣。我饥渴地吸收各种资讯，即使不知道那是什么，我都看。一直看，一直看。

这三年，我的工作遇到瓶颈。我不知道重复做这些工作，对我来说有什么意义。我不断接节目、做节目，节目开了又停，停了又开。工作的内容也都很像，不管是娱乐或颁奖典礼，就是做大量功课，然后做现场，做完，结束。

对我来说，我就好像旋转木马一样的生活，我一直绕……一直绕……好像一直在动，却又哪里都没去。

那时，我的感情也不顺利。

我的男友常年在北京工作，而我大部分时间在台湾，我们长时间远距离恋爱。像我这样的双鱼座女生，很依赖，也需要感情上的陪伴。远距离，实在很难行得通。

远距离恋爱，不只沟通上容易出现问题，我心中也不免怀疑："我们这样，真的算是在一起吗？接下来，该怎么打算？"

然而压垮我最重要的事，是爷爷的离世。

教会我无条件地爱，是爷爷

2011 年爷爷的离开，是我生命中莫大的冲击。爷爷是我生命中很重要的一个人，虽然他不是我的父母，但他就像我的父亲，也像我的母亲。

3 岁的时候，我和妹妹就跟着爷爷奶奶来到台湾，爷爷就是带着我们长大的那个人。

我们来台后住在民生社区，我就读民权小学，在学校对面巷子里的一栋公寓，住了六七年的时间。

从小，我身上所有大大小小的事情，都是爷爷处理的。奶奶比较强势持家，她会带我们去买衣服、买玩具、剪头发，但相对来说，更温柔的对待，都来自爷爷。

比方说，我永远不会忘记，爷爷每天中午到幼稚园接我们放学的时候，会在幼稚园旁边的市场，买两个包子给我们吃。一个是咸的肉包，因为我爱吃咸的；一个是甜的豆沙包，因为妹妹爱吃甜的。

那时，我们两个小不点特别"事儿"，我们吃包子，但不吃包子馅。我们只想吃沾了豆沙、沾了肉汁的包子皮。于是，爷爷每次把包子递给我们之前，一定会先一口吃掉肉馅，再一口吃掉豆沙，把我们喜欢的包子皮，送到我们面前。

爷爷就是一个这么温柔的人。

他会带我们去买小学的制服，牵我们上学，考试成绩好的话，就带我们去买礼物。爷爷就是一个这样的存在。有什么需求，我们总是去找他。

所以我常说，爷爷是这世界上第一个教会我无条件地爱的人。

我一直以为爷爷是一个理所当然的存在，虽然他后来有好几年的时间，都待在病床上。我直到三十多岁都还住在家里，很主要的原因，除了我认为陪伴家人是理所应当外，回家就能看到他，感受到我们存在在同一个空间里，成为我很重要的支柱。

当爷爷离开这个世界，我心中的悲伤巨大到难以言喻。于是，当我经历过爷爷离世，我再也无法对人说"节哀顺变"。因为我知道，根本没有节哀顺变这回事。当悲伤确确实实出现在人们生命当中，没有任何一套标准处理程序，能让人照着步骤就顺利消化它。

每个人都只能用自己的方式，去经验、去化解那份复杂的情绪。爷爷过世之后，我就像负气一样，去了很远的地方。

爷爷在台湾的丧事一办完，我就跟着弟弟、堂弟一行人去了阿姆斯特丹。当时我们心想，阿姆斯特丹是全世界最自由的地方……还记得那时是 2 月，冷死了！虽然冷死了，但我们还是想要去世界上最自由的地方！

我们都是第一次去阿姆斯特丹，所以该怎么玩，就怎么玩，我什么也没多想。在那里，还丢了钱包！

6 年后，我拍摄纪录片《明天之前》的第一站，刚好又是阿姆斯特丹。再一次来到这里的我，看着似曾相识的景象，走着走着，就掉下了眼泪。身边的同事都吓坏了，这么欢乐的一个城市，你怎么哭了呢？

"我突然想起之前来的时候，"我说，"上次来的心情，和这次完全不一样。那时的我，对世界一无所知。我以为这个城市，就是这样。"

然而从 2011 年到 2018 年，我从生命中学习到的，我对于觉悟的学习与生命的理解，都已让我变得截然不同。

当我走在阿姆斯特丹的运河桥上，仿佛看见过去的我迎面而来。我好想跟她说声："一切都会没事的……"想到这里，于是潸然泪下。走了一圈，我又回到了同一个地方，但这时的我和那时的我，早已判若两人。

或许我还有眼泪，但那已不再是悲伤的眼泪。

2011年阿姆斯特丹的旅行才到中途，我就决定，我要接着去看北极光。一周之内，找好旅伴，决定了行程。2月底从阿姆斯特丹回香港办完爷爷的告别式，3月初我就马上出发前往阿拉斯加。

爷爷在世的时候经常进出医院。好几次我安排好长时间的旅行，会因为爷爷突然住院而取消。于是，爷爷不在了，我心中也有种赌气的感觉："好啊，现在这个世界再也没有什么能牵绊我，那我就要去最远的地方！"

有多远，就去多远！

即兴的出行，一切都很仓促。阿拉斯加真的很不方便。很多事情如果没有事先计划好，到了当地只会耗掉时间。3月初的北极，白天非常短又有时差，能处理事情的时间相当有限。

那时候，我的身体很不好。但我却硬要去一个很冷的地方，就像刻意用某种极端的环境去折磨自己。出门前，我突然得了急性肠胃炎，人都已经又吐又拉到完全虚脱，还依然坚持带着药、一包白吐司和能量饮料冲剂上路。

现在想想，那场肠胃炎就像一次剧烈的排毒。很彻底的一场排毒！又或者，因为当时的我有很多事情还不明白，于是通过身体激烈的反应来处理。

和我同行的有两个朋友，我们安排了好几个看极光的景点，但第一天到达就已经看到极光，之后又看到跳舞的极光，后来几天她们看极光看到腻了，所以到了第三天、第四天……"还要看极光喔？"她们宁可待在车子里，也不想出去挨冷。

而我却硬要走进那严寒，坚持用相机好好拍下那个我追逐的景色。明明因为天气太冷，还生着大病，我却有一种说不上来的固执。旷野里只有天和地与我，而我大部分时间都非常悲伤。

非常、非常悲伤。

我穿着厚重的衣服，在零下20摄氏度的荒野里，一面看着极光，一面流眼泪。旅途中当然也有开心的时候，但大部分时间，我的心都被悲伤占据。

虽然这是2012年一连串奇遇之前的背景故事，但上天的眷顾似乎已有端倪。

毕竟，去到阿拉斯加，没看到极光徒劳而返也是常有的事，我却天天都能欣赏这美景。经常我们只要抬起头，就能看到极光"就在那里"，就连跳舞的极光也都看到了。那时，我似乎已开始感受到幸运，但我茫然不觉。

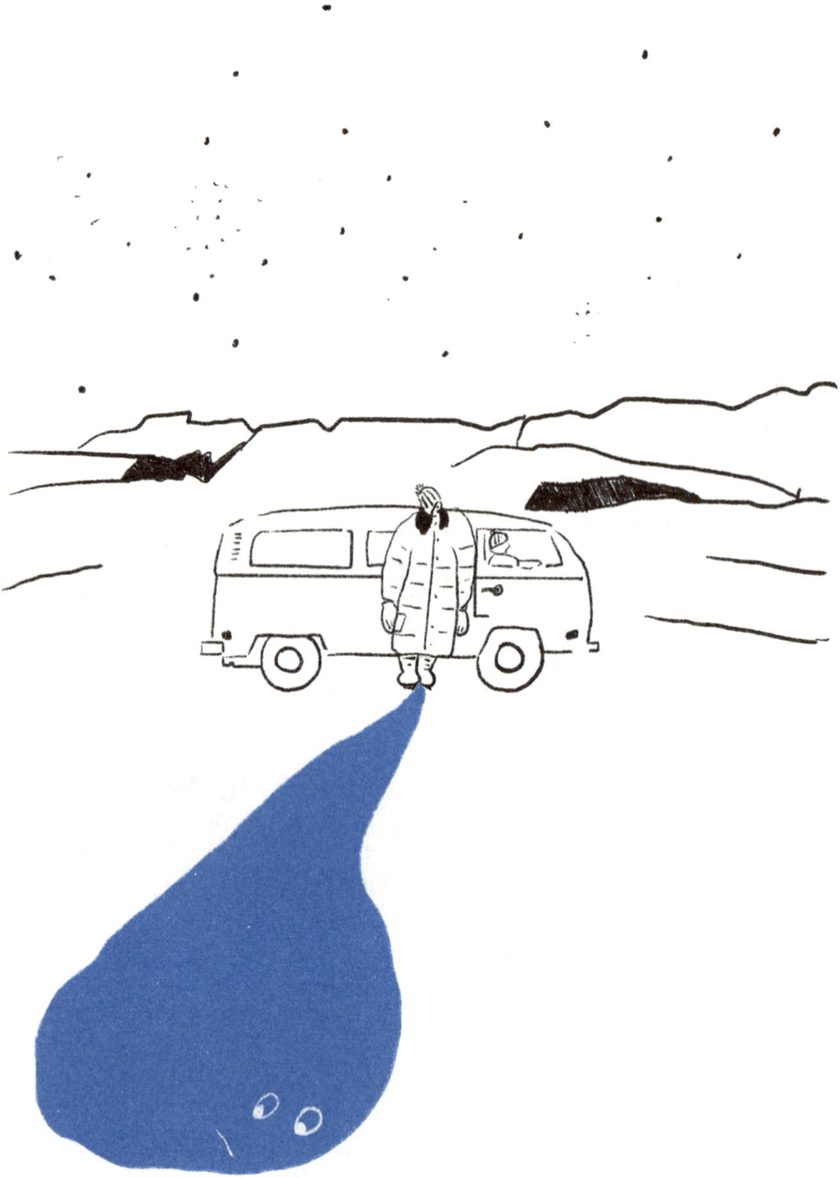

对工作和生命产生莫大的质疑
金马奖的曲折

2011年过去，我的工作照旧进行。我接节目，手上也有常态性的节目。甚至可以说，在我的工作生涯中，2012年是成绩单很漂亮的一年。

那一年，我主持香港电影金像奖、金马奖，还担任亚太影展主持人。热爱电影的我，能在同一年担任三大电影颁奖典礼的主持人，无疑是我生命中非常重要的里程碑。

然而，那一年发生了一件吊诡的事情，引爆了我对工作和生命的莫大质疑。

那年金马奖主办单位想让典礼朝泛亚洲华语片的大格局发展，于是请到影帝黄渤担任我的主持搭档。

黄渤是个非常好的搭档，他专业、敬业、幽默又认真。他在典礼举办前一个月来台湾长住，除了积极参与工作小组的准备会议，也用心体会台湾地区的风土民情。

那年的典礼真是关关难过关关过。典礼在罗东文化工场举行，场地隔音并不是很好。外面红毯的声音、救护车的声音，里面全都听得到，于是场内主持人需要更用心撑起整个场子，而我们也确实铆足了全力。

然而，典礼进行到一半，我们就已经知道气氛有点不对劲了，前半部分上台领奖的没有一个来自中国台湾地区的作品！所谓不对劲，当然不是质疑奖项的公正性，我们都相信评审的专业……但这毕竟是在台湾地区举办的一个奖项，气氛自然有点奇怪。

我记得，奖颁了大半之后，台湾地区入围者只得了一个最佳新导演奖，而那是因为所有入围者都是台湾导演！

主持颁奖典礼的时候，稿子都会提前分配好，有时女主持人要换服装、换造型时，男主持人就会一人单串。然而，那天典礼到一半，我担心全场气氛，也不忍让黄渤落单，即使到后台梳化，也用最快速度回来。

我跟黄渤说："这段我一定要跟你在一起！"

回到场上，我只说了一句："台湾电影加油！"观众们热烈鼓掌。

那年还有一个奇怪的氛围是，领奖人的得奖感言多半相当简短。一直到要颁发最终奖项的高潮时刻，典礼时间还比预定时间提早了17分钟。17分钟？17分钟是一整段呢！足以颁发两个奖项，还加一段表演节目！后台人员早就一片慌乱。

颁奖典礼超时是常态，提前的情况几乎没有！我告诉黄渤："从现在开始，我们慢慢讲。"

不过，我们运气也很好。先前开会时，黄渤经常出些点子，我还挤兑他："这些讲不到的啦！"殊不知，这些点子派上了用场。我俩在台上的时间变得非常长。我们使出浑身解数，只求圆满完成任务。

还记得，有一段我们要访问台下的女主角。那一段在时程表上原本预计只用2分钟，我们硬是做了10分钟。最后，那天的典礼顺利地在预定的时间结束，一秒也不差。

即使过程不容易，但我们终究做到了！那天晚上，我的心踏实而喜悦："嗯，我们完成了一份很棒的工作。"

然而，第二天一早看到新闻，我的心瞬间跌到谷底。

观众对于颁奖结果极度不满，不仅网络上骂翻了，废除金马奖的声浪，甚至上升到法院层级。主持人站在风口浪尖，不可能不被波及。但典礼背后的种种转折，不可能一一对大家去说明。

况且，错也不在我们呀！那时我心里有很多呐喊"奖又不是我们颁的，只因为是主持人，就要成为众矢之的吗"？工作完成时我的心情非常好，隔天的情况却令我沮丧不已。

我到底在做什么？我到底在做什么！

我究竟为了什么在做这些？

我对生命、我的工作、我的价值，出现了无尽的质疑。

这就是人生吗？我到底做错了什么？

我觉得我做对了很多事情啊，我到底做错了什么要承受这些？

一个夕阳带来的祝福
对我生命具有相当重要的意义

金马奖后两天,我踏上早先安排好的旅程,和男友去巴厘岛旁的小岛度假。我们要去的地方叫作特拉旺安岛(Gili Trawangan),它是吉利群岛三岛之一,相较于本岛,是游客稀少的旅行地。

从巴厘岛到特拉旺安岛,每天只有两班船往来。于是我们下了飞机后,先在巴厘岛下榻一晚,等待隔天一大早搭船。我清楚地记得,那晚我们住的房间,是典型巴厘岛的风格,天花板很高,床也很大,房间内还有高大的石柱,既华丽又气派。

隔天早上 5 点钟就要起床,所以前一晚我们很早就睡了。凌晨 3 点时,我突然惊醒,深怕自己会错过起床时间,我朦朦胧胧睁开眼,检查了闹钟。果然!我忘记设闹钟了。于是我设好 5 点的闹钟,继续睡去。

再一次入睡的这段时间,我做了一个如同身历其境般清楚无比的梦。

在这高大宽阔的房间里,床的后方有一面巨大的石墙。在我梦里,这面石墙成了一大片透明的玻璃。从玻璃看出去,就像从侧面看着一座巨大的阶梯……"好像布达拉宫的阶梯啊!"梦里的我看着眼前的画面,这样想着。

接着，我看见一排一排全装的喇嘛，从阶梯上往下走。他们一个个戴着华丽的高帽，穿着隆重的长袍，每个人身上有着不同的饰品……有人吹奏着长螺，有人旋转着大伞。

我清楚地记得，这是一个无比华美的、彩色的梦境。因为梦里的我，光是看着眼前的景象，内心就止不住惊叹连连："真美啊！这么多的颜色！"

这可能是我生命中第一次意识到我做的是彩色的梦！

一排一排喇嘛接连从阶梯上走下来，到最后，一位看似地位更高的尊者站在至高处。从我的角度看来，他相当高大。

"好殊胜啊……他一定就是大宝法王吧？"梦里的我这么想。然而现实生活中的我，并不知道大宝法王长什么样子，对他的故事也一无所知。我甚至没有见过他的照片，更不知道原来大宝法王有两位！就连殊胜，也不是我平常会用的字啊！但梦中的我，却如此自然地流露出惊叹。

这个梦境就结束在这里。

5点闹钟一响，我起床收拾行装，搭上前往特拉旺安的游船。

特拉旺安是一个刚刚开发的小岛，旅游业也才刚起步。整个岛上没有汽车、摩托车，只有脚踏车和马车。当然，也没有柏油路，只有碎石路与沙子地。岛的一侧，有一排度假饭店（说是饭店更像是民宿），这里的价位比巴厘岛便宜许多，许多外国游客会在这里放长假、晒太阳。

我还记得，我们住的地方在岛的最西南边。刚抵达时，拖着行李走了好长一段路，才终于找到住处。那个地方不是Villa，也称不上饭店，就是一个酒吧老板在店旁边搭建的小木屋……更贴切地说，甚至更像一个茅草搭起来的、只是高一点点的棚子。

房间里只有一张床、一台电风扇和一个放东西的柜子。甚至连厕所,都只是在房间外找一块地围起来的露天围栏,白天阳光热辣辣地直晒,上厕所时我还得撑阳伞以免晒黑。洗澡的地方只有一个出水口,还没有热水可用,但要是白天想用水,得小心别被烫到。

这就是一个这么原始的地方!正因如此,我们只要往外走几步路,就能看到海。也因为它位于全岛最西南边的转角上,从这里望去,海并非一条直线,而是更接近全景的270度——南边、东边、西边的景象,都能尽收眼底。

我们在岛上的活动与一般游客无异……不外乎是走路去沙滩躺一躺,吃吃好吃的东西。我们刚好遇到满月,于是参加了岛上的满月派对。要到派对现场也是步行,而且整条路上都没有路灯。那时我才知道,原来月亮可以这么亮!那晚的月光是如此明亮,再设路灯也只是多余。

我们在岛上的时间只有三天。第一天慵慵懒懒地过去了,第二天我想,既然住在海边,无论如何也该去看看海边的夕阳吧!

于是快到傍晚时,我们回到住处附近的沙滩等待。岛上游客本就不多,碰上旅游淡季,更没多少人。那天的天空并不晴朗,所以大家并不期待有多么美丽夕阳能欣赏。几个外国客人在这里停下脚踏车,一边喝着啤酒一边等待。除此之外,也就剩下酒吧老板和他的猫,以及我们。

没过多久,太阳落下……喔,好像就这样?结束了。

外国客人转身离开,酒吧老板也开始收拾东西准备关店。

不想回家的我们，沿着沙滩继续走着，想散散步，再随意找个地方吃晚餐。

没想到，走着走着，我突然发现，真正的夕阳现在才开始！

那日，虽然称不上晴空万里，但云也没有多到占据整片天空。正是这刚刚好的比例，让太阳落下后，橘红色的晚霞映照在各种形状的云朵上，景色绝美！看见这幅景象，我和男友都愣住了："天啊！这真的不是开玩笑的！"

天空中的云朵有各种颜色、各种层次，同是橘红色，却像有千千万万种橘红色在眼前。不同角度的天空，是一幅幅壮丽的云彩画，又像姿态万千的变幻奇景……"这是恐龙吗？这是《西游记》吗？"画面细节是如此丰富，整整半小时的时间，我俩既惊奇、兴奋，认真仔细看得目不暇给。

原来我的生命一直被祝福着

当惊叹之情稍微平静下来，我一个人朝海边走去。

望着眼前的天空，我突然意识到一件事："这是老天爷用心良苦为我安排的一场大戏。"那一刻我突然明白，老天爷似乎正通过这奇迹般的美景在安慰我，对我说："其实你很好，我们都很爱你。"收到这样的感应，我在海边哭到不能自已。

那一刻，我的身体甚至有很清楚的、类似高潮的反应。或许这就是某些人所说的狂喜？当时的我并不明白。我只知道身上的每一个毛孔感觉都完全张开了，这样明显的身体反应，可以说是我此生经历过最强烈、最震撼又最深邃的体感经验。

我止不住地大哭，鲜明的身体感受猛烈地袭来。男友在远处，并不知道我发生了什么事。当我稍微缓和下来，我看着天空说：

"老天爷，谢谢你，我收到了。"

正当我低下头，一只飞鸟就从我眼前飞过。看着眼前这一幕，我知道一切绝非偶然。曾有副导经验的我，深深知道要一只鸟这样飞过，是多么困难的一件事。（试想：导演喊了 Action！摄影师把镜头由上往下 Tilt，这时道具师要抓好时间放一只鸟出来，让它不偏不倚地从镜头正中央飞过。这有多难！）

无论巧合与否，对我来说，这就是老天爷给我的回应。

我对天表达感谢，而老天爷在告诉我："我知道了。"

旅行直到这一刻，我整个人才真正放松下来。我感到内心充满欢喜，我突然意会到我的生命一直被祝福着。

这一幕，对我生命具有相当重要的意义。事后我经常回想，发现它为我带来了方方面面的影响。

比方说，所谓夕阳并不是只有"咸蛋黄"落入地平面那一刻而已。我开始意识到，夕阳、天空和云的变化，原来是如此丰富多变！后来我成为一个追逐夕阳的人，我会去各种地方欣赏各种不同的夕阳，感受夕阳带来的不同感觉。

其次，我意识到，疗愈其实不需花一毛钱。观赏夕阳、观赏云，会花到什么钱呢！并不是只有巴厘岛的夕阳才是夕阳，大地与自然一直在每个人身边，时时刻刻等着，我们都能够去接近、去欣赏。大自然就是上天赠予我们最棒的疗愈礼物。

最重要的一点是，自此之后，我能感觉有一个更大的力量在看顾着我。

对我来说，这件事情意义非凡。从此我能感觉自己不孤单，也不再需要执着于世俗的肯定或赞美。别人的称赞与肯定，保鲜期不过一天，那场夕阳给予我巨大的爱，却停留在我心中一辈子。

相形之下,我明白了自己一直执着的事物是多么渺小,我也看见自己是多么幸运。我看见了我是被祝福的,这个世界用一种超乎你想象的方式在挺你。

古儒德夫曾说过一句话:"当你意识到你的生命是被祝福的,你的生命将变得完全不同。"回想起那日夕阳的场景,我明白这句话千真万确。

当我意识到"我的生命被祝福着",那一天起,我的生命真的每一天都变得不同。比如隔天,当我们结束旅程乘船回到巴厘岛,海豚竟然出现在船边,让我能近距离地欣赏,一路同行。

而在傍晚回台北的飞机上,靠窗的我,看着月亮一直在我身边。然而,过了一会儿,月亮怎么变小了?又过了一会儿,月亮怎么不见了?……咦,月亮又出现了!我和男友讨论,我们该不会是在飞机上亲眼见证了月食吧?

事后发现,就是月食。

这趟旅程我们完全没有任何计划,却出现各种莫名其妙的奇遇和接二连三莫大的祝福。我做了一个无比清醒的梦、在沙滩上见证史诗般的夕阳祝福,还有回程的海豚与月食……这无数的巧遇、无数的奇迹,让我惊讶连连却又不明所以。

那时的我,什么也不知道,只是照着行程回到台北,继续我的生活。然而,后来细细回想,我的生命就是从那时开始,一环扣着一环,出现了变化。

当你意识到
你的生命是被祝福的，
　你的生命将变得完全不同。

环环相扣的际遇
与大宝法王的相遇

（以下这段人生经历有点琐碎，但我请大家耐心看完，看到最后你会明白为什么我要把这些过程如实地写下来。）

2013年1月，我受邀担任中央电视台《梦想星搭档》年度盛典的主持人。虽然这是一份没有酬劳的邀约，然而，能在主流媒体有这样的曝光确实是难得的机会，况且《梦想星搭档》也是一档公益节目，于是我抱着交朋友的心情，欣然同意了这份工作。

2月，我前往拉斯维加斯主持一场年会，也因此巧遇朱延平导演夫妇，一起吃了顿饭。朱导太太（我都尊称她罗师姐）是一位虔诚的藏传佛教徒，每一年都会到印度、尼泊尔等地参拜，长年都是如此。

席间，她谈到1月刚从大宝法王的法会回来。一听到大宝法王，我的耳朵都尖了。"我前阵子才梦到大宝法王呢！"我兴奋地说，"明年如果还有法会，可以叫上我一起去吗？"

"好啊，明年有消息时，我再通知你。"

1月主持《梦想星搭档》年度盛典的过程中，制作单位邀请我担任《梦想星搭档》第二季的主持工作。也因此，我在同年夏天开始了每两周飞一次北京的录影行程。

那年暑假，"限娱令"的推出，规范电视台节目播放的内容与时段，因此原本边录边播的制作方式不再适用。然而，节目艺人好不容易都找齐了，日程安排妥当，舞台也都搭好了，箭在弦上不得不发。因此大家只能按原先计划先录完，日后制作单位再视情况决定播出时间。

我因为录制这个节目，认识了许多朋友；也因为录制这个节目，我接着参与了中央电视台第二频道在10月份录制的《味觉大战》，与名厨孙兆国和美食家欧阳应霁共同担任节目导师。

于是，那年10月我有整整20多天，都在北京录影。我清楚记得，10月25日是《味觉大战》录到接近总决赛的日子，是《梦想星搭档》要播出的日子，也是金钟奖颁奖典礼！虽然我有入围，但却无法回台湾参加颁奖典礼，因为隔天还要继续录影。

但那天晚上，我和一同录制节目的朋友们找了一个包厢，一起吃饭，一起看首播。吃到一半捷报传来，我得奖了！大家频频上前恭喜我，酒酣耳热，气氛热闹不已。

一位女歌手前来敬酒，我们彼此推荐自己喜欢的身心慰藉书籍，聊得一拍即合。突然间，我不知道哪根筋不对，竟对她说："我明年1月要去参加大宝法王的法会！"

殊不知，她反应很大地对我说："不不，宝仪！法会人很多，你根本看不到他，我下个月就要去见他，你要跟我一起去吗？"

"当然要！"

3天后，我结束行程回到台北，立刻带着护照办签证。

11月，我已在飞往德里的路上了。

在前往德里的飞机上，我才意识到，我真是个勇敢到失去理智的人啊！上了飞机我才发现，我没有她的电话，只有网络联络方式，而德里机场没有无线网络！

我的飞机晚上 11 点半抵达，她则是录完影直接出发，半夜 1 点到。降落后，我就一直坐在行李转盘处等候。没想到，我从 1 点等到快 3 点，行李转盘上已经快要空了，还没有看见她的人！

当时，独自在机场的我，简直急得要疯掉了！

要是她没有顺利上飞机，没有网络的我一来收不到信息通知，二来，身在德里的我，又该何去何从？脑中闪过无数个念头，然而，我能做的也只有等。

凌晨 3 点，她终于出来了。松了一口气的我眼泪差点都要掉下来。

缘份的牵引，与法王相会

我们一行人好不容易坐上车。德里的路并不是那么好，司机却以一种奇异的方式飞快穿梭着。那时已接近天亮，我累得没有一点力气，只能在急速又颠簸的车子上，睡了又醒，醒了又睡。

下车后，她跟我说："我们刚才差点在车上死掉了！太危险了！"我只是一直迷迷糊糊昏睡着，没有精力注意太多。

我们安排和大宝法王入住同一间饭店，抵达饭店时已近乎天亮，我们说好先回房间稍作休息，再等候通知安排见面的时间。

9 点，我们接到通知，大约可以在 12 点时会面。我起床梳洗准备。

到了 12 点，我们在大厅集合，同行的朋友一个个盛装打扮，而前一天没睡好的我，只穿着 T 恤牛仔裤就来了。

"我……我就这样,会不会太失礼了啊?"我怯生生地问了一句。

"不会!我们只是想要这样穿而已!"朋友笑着安慰我。

我们一行人,来到法王房间门口。我们似乎是那天最后一组访客,房间内还有其他人,于是我们先在门外等候。轮到我们进去时,我一见到法王,就知道,这次来的时间不对……他看起来很累。

当你看到一个人这么疲劳的时候,其实根本不忍再用任何事情打扰他。

我和藏传佛教有些缘分。我的父亲有追随的上师,而上师对我们家一直照顾有加,对此我一直心怀感激也虔敬以待……但说实在的,当时的我对这样的宗教传承并没有太多了解。我带着尊敬,也感到好奇,可是,那时我并不真的知道自己在做什么。我只是凭着缘分的牵引,来到这里。

于是当我看到眼前大宝法王疲累的神态,只觉得:"啊……我到底在这里做什么?"

我们依次献上哈达,而后法王对我们说了些话。不到5分钟,我们就离开了。一出房间,朋友就哭了。"你们大家从那么远的地方,这么辛苦过来……没想到,只短短见了一面,连照片也没拍到!我真的很对不起你们!"

"唉呀,别想这么多!我毕竟看到法王了啊!如果说一辈子能见到法王一面需要特别的机缘,那我现在已经见到了!走,我们去喝下午茶!"我笑着安慰她。

就这样,我们一行人去到饭店楼下喝下午茶。

我对宗教其实认识不多,席间只是听大家聊各自的故事和经验，能交流的部分也比较浅。聊着聊着，我看到法王的随从朝我们的方向走过来，我瞪大眼睛看着，而他在两张桌子远的地方止步，直直看着我，示意叫我过去。

我起身走向他，明明是短短的一段路，却像走过了我的前半生。

他来叫我是因为法王觉得我有什么问题吗？我的生命要有什么样的转变吗？是好的，还是不好的？要有什么好事发生，还是坏事？光是走这几步路，无尽的思绪就在我脑中翻腾不已。

好不容易走到随从面前，答案准备揭晓！没想到，他只是淡淡地说："法王想和你们吃晚饭。你们有空吗？"当然有空！于是我们约好一小时后一起先去看看晚上用餐的场地。

我们到中餐厅找了一个包厢，确认了环境是安静、安全的。于是傍晚，我们有幸和法王再次见面，吃了一顿德里式的中国菜。

做好你自己就好

对我来说，和法王的晚餐是一次很微妙的经验。

这趟旅程出发前，我才发现我完全没时间准备见面礼，那时我刚结束《味觉大战》的拍摄行程，匆匆回到台湾，办好签证休息一下，就要再度上路。不过，我印象中机场有卖一种以灯笼造型包装的茶壶组，上面写着一个"宝"字。这个茶壶组里面有茶杯、茶壶、茶包，灯笼只要接上电，就能点亮。我惦念着，那个带着一个"宝"字的茶壶组，既是宝仪的宝，也是大宝法王的宝，简直完美！就是它了！

没想到，过去我是在第二航站楼厦看到这个茶壶，但飞印度是从第一航站楼出发！等我到了机场，才发现没有这个茶壶组可以买！情急之下，我只能赶快另寻合适的礼品。

我想，我要去印度，带着台湾地区的茶，肯定不失礼。机场卖茶的小姐看我在挑选，问："你是要送给老人家，还是给年轻人？"这问题该怎么答？我只回了句："不好说。"小姐听到，也愣住了。

最后我买了两种茶组，一个是稳重的旅行用茶具组，另一个是诙谐幽默的文创风格茶包组合，年轻人的 Style。

用餐时我和法王说起这件事，我问他："那你觉得你是老人家，还是年轻人？"法王回答我："你就当我是年轻人好了。"

既然法王都这么说了，那天吃饭，我们真的就是轻松地闲聊。他也很好奇演艺圈的事情，而我们就像朋友一样谈天说地。虽然气氛愉快，但我还是全程直挺着背，不敢有一丝松懈。

突然，法王问我："你有什么问题想问我吗？"

当时的我，没有任何灵性上的接触。我没有在静心打坐，也不持咒，我和宗教或修行几乎沾不上一点边。只是凭着一个机缘，所以现在坐在法王面前……完蛋了！我要提出什么问题？我没有什么问题要问啊！真是千头万绪又摸不着头脑。

我的脑中闪过许多念头。最后，我用了点主持人的小聪明，以一个模糊暧昧的问题作为回应："既然我认识了你，我能为你做什么？"我承认当时我耍了点小心机，刻意丢出这个看似高明的问题。

大宝法王回答我："你做好你自己就好。"话题也就停在这里。

一开始听到这个回答，我心想："真是一山还比一山高啊！我丢过去的球，直接被扣杀！接下来，我什么问题都不好再问了……"

然而,事后我时常回想起这个问答,我发现,做好自己确实是许多事情的答案。再也没有什么比做好自己更重要的事了。

我们常说,要为这世界做些什么,其实能把自己照顾好,就是对这世界最大的贡献。不是人人都要成为特蕾莎修女,我们光是能做好自己的本分,就已经是在服务这个世界。

一起同行的朋友中,有两位朋友想要皈依却不好意思开口。席间,他们频频向牵线的朋友使眼色。毕竟法王就在面前,这可是千载难逢的机会啊!于是,她终于开口说:"法王,我有两个朋友想要皈依。"法王犹豫了一下,似乎在思考这件事该如何处理。

终于等到法王开口,他说:"我在德里的行程已经结束,明天就会出发去菩提伽耶。目前在这里我们没有足够的准备,可能不适合进行皈依……"

听到法王这么说,我突然听到内心有个极大的声音,几乎以震耳欲聋的方式喊叫着:"叫我去菩提伽耶!叫我去菩提伽耶!"

法王接着说:"不然,你们也一起去菩提伽耶吧?"

做好你自己就好。

菩提树下的泪水
以及那个梦的结局

其实,我根本不知道菩提伽耶是什么,只知道那是大宝法王要去的地方,听起来好像很厉害。距离我的回程飞机还有几天的时间,接下来几天我们没有订住宿,也没有特别的行程,一切都是刚刚好!

就这样,我们几经困难订好机票,顺利在第二天踏上前往菩提伽耶的旅程。

到了菩提伽耶,法王的随从来接我们,同时捎来令人遗憾的消息:"你们没有办法见到法王了。菩提伽耶一周前发生了恐怖炸弹袭击,因此,法王所去的每一个地方都需要提前一天做严密的检查。这一次,恐怕就不能和你们见面了。"

既然如此,也只能接受。但已经山高水远地来到这里,大家决定,明天去绕一下正觉塔再回德里吧!

第二天一早,我们就直奔正觉塔。一到当地,眼前乱哄哄的景象令我傻眼。来自各地的朝圣旅客,东方的、西方的信众,各自用不同的语言大声喧哗着。

这不是很神圣的圣地吗?怎么挤得像菜市场一样!

人们在满是飞尘的泥土地上抢买供品,路上还有牛,简直毫无纪律与秩序可言。我们在人群中挤着购买要供奉的米和袈袈，但这里没有人在排队，只能把文明抛在脑后。这画面实在称不上神圣庄严，颠覆了我对圣地庙宇的想象。

我烦躁到了顶点的心，在进塔之后安定了下来。我心想，或许这也是佛教的特色，信徒是自由的，在这里，每个人的存在都是被尊重的。纪律在每个人自己的心中，而不是通过外在的规矩去规范。明白这一点，我的心逐渐释然，也开始能平静下来。

我对这个地方并不熟悉，只能看看身边的人都在做些什么。我依样画葫芦在里面走了一圈，回到塔外。朋友告诉我，来到正觉塔朝圣的人，都会绕塔七圈。于是我们约定好时间，各自绕塔之后，就在门口集合去机场。

沿塔绕行的路上，我看到人们进行着各种宗教活动。有人上课，有人静坐，有人跪拜……人们在草地上实现自己的朝圣方式，而正觉塔背面，就是2000多年前佛陀悟道的菩提树。

走着走着，我走到菩提树旁。这棵被封为世界文化遗产的菩提树，外头有栏杆围住，人们不能实际触摸，只能隔着一段距离观赏。

初来乍到的我，看着这棵赫赫有名的菩提树，却不知道该做什么。

观察周围，我发现有人将额头贴在墙上祈祷，于是我就照做了。身边一位东南亚男士准备了金箔贴在墙上作为供养，他见我看着他，便给了我一张，于是我也照着做了。我还发现，由于菩提伽耶气候干旱，有人会用水浇灌菩提树作为供养，我突然想起，我身上正好还有一个从飞机上拿下来的水瓶，里面大概还有两三口水，于是我也照着做了。

敬献完，瓶子里还剩下一点水，我顺手将它一口喝掉。殊不知，喝下这口水，我就止不住地号啕大哭起来。就在一秒间，我从一个轻松参拜的好奇宝宝，瞬间成了另一个人。我哭得声泪俱下（唉，没错，是哭出声音那种，完全是没来由地开始大哭），同时却像有另一个我看着自己，问：你在哭什么？

我不知道……我哭到快要虚脱，这一切却毫无理由。

绕行的队伍还在继续。眼泪止不住地流，我却不能停在原地。我打起精神移动到旁边的位置，一边感觉有好多眼泪要哭出来，却又挂记着不能让朋友等待太久。

于是我只能一边哭着，一边继续绕行。前三圈我走得狼狈，也顾不了旁人的眼光。直到第四圈、第五圈，我的心情才慢慢平复，最后一圈完成时，我已经完全回复正常，除了红肿的眼睛之外，一切就像没发生过。

离开正觉塔，我们在德里待了一天，印度之旅也就画下了句点。

回来后，另一个问题等着我决定，既然都看到大宝法王了，我还要和罗师姐去来年一月的法会吗？

菩提伽耶对当时的我来说什么也没有……参加法会每天早上5点就要起床念经……还订不到好的饭店……我真的要去吗？

那时我告诉自己，无论如何，我11月能见到法王，也是因为早先和罗师姐有过要去参加法会的约定。因为有这个引子，我才会无意间和朋友说到法王，也才有了近距离面见的机会。因此，我不能因为这样，就放弃法会的行程。

所以，两个月后，我又硬着头皮去到菩提伽耶。

任何一个环节出错，我就不会在这里

到了那才知道，法会分成前半段与后半段。前半段每天都在念经，而到了中段会有一天休息的时间，过后再继续后半段的活动。那时，因为工作行程的关系，我只能参加前半段。每天到了现场，就领配给的馕就奶茶喝，然后就是不断的念经……我跟着大家念，但其实并不知道我到底在念什么。

法会现场是一个非常大的帐篷，最前方有个大舞台，上面挂着巨幅的坛城。舞台空间很高很大，上面还有楼梯。舞台正前方是一排排的喇嘛，密密麻麻的……目测可能有好几千位，齐声念经。

通常，一般民众会从后方进入现场，但因为我们一行人中，有同伴的身份较为特殊，因此我们就坐在舞台的侧边。每天我跟着同伴起床、来到现场，就定位、念经，不知道这些经文是什么意思，对我有什么好处我也不明白，我只是该念就念，一天一天耗着时间。

我还记得，我要离开的那天休息日，是1月8日。那天没有念经行程，而是法王要跳金刚舞。一开始，我还不明白跳金刚舞是什么活动？听师姐们说，才知道金刚舞一般不开放给外人看，是非常殊胜的仪式，而且那天的金刚舞还是由法王亲自跳！

为了调整活动场地，我们的座位也需要移动。于是我们在凌晨四点集合，重新铺排蒲团的位置。当我站到舞台正前方，看着眼前的坛城，突然间我闪过一个念头："等一下，我是不是看过这个东西呢？"毕竟，从侧面看和从正面看的感觉是如此不同。

"难道,这是我走了一年多,才终于走到的地方吗?"我站在场地中央,眼眶突然泛红。

法王的舞开始了。盛装的喇嘛带着不同的法器,一排排从楼梯上慢慢走下来,有人奏着乐器,有人转着大伞,最后是法王戴着面具,在最上面跳着金刚舞。

没错,这就是我在巴厘岛做的那个梦。2012年11月的那个梦,带我走到2014年1月的这个现场。我走了这么长的一段路,而中间只要有任何一个环节出了差错,我现在就不会在这里。

一切都是刚刚好，
中间只要有任何一个环节出了差错，
我现在就不会在这里。

人生转捩的第三道大门
塔希提的宝物

　　巴厘岛的夕阳、菩提伽耶的菩提树，对我来说，仿佛代表着天与地的元素。但，似乎不只是这样。我心中莫名有个想法："一定还有一个能让我深受影响的'人'，这样才是完整。"

　　我也想过，那个人会不会就是我逝去的爷爷呢？毕竟爷爷带给我的影响这么巨大。后来，我在另一趟旅行中，遇见了这个"人"，完整了整个故事。

　　2014年，我和男友去塔希提旅行。我们因为看了《地球大拙火》这本书，特地选择去塔希提，想趁旅行之便，感受当地的能量。那时，塔希提的马龙白兰度度假村刚开幕，我们趁着试营运的机会，用比较优惠的价格，去那里体验世外桃源般的自然美景，享受一段度假的时光。

　　当时，度假村客人享受免费按摩服务。机不可失，当然欣然赴约。到了SPA中心，简单填写资料后，两位按摩师迎面而来。一位是身材曼妙、面容姣好的法国妙龄美女；另一位，则是粗壮黝黑的塔希提大妈。

　　那天，我们的招待时数共有三小时。我和男友说好由我做两小时，他做一小时。原来按摩师早已根据服务时间决定了客人，于是妙龄美女服务我男友，而我则由塔希提大妈负责。当时我还心想，我男友真是赚到了，那女生真的很漂亮啊！

　　服务我的大妈个性文静，并不多话。疗程先从背部开始，所以我是趴着脸朝下。然而，进行十分钟到十五分钟后，我就开始觉得不对劲……我的眼泪又停不下来了。我又开始大哭……

　　她的手法非常奇特，不是我们一般在台湾地区或世界各地其他SPA中心提供的任何一种服务。后来她告诉我，这是来自塔希提的古法按摩。她用手、手腕和手肘大面积地触碰我的身体，从头到尾以一种奇妙的韵律移动，我的身体随后也进入这样的律动节奏，完全与她共振。

　　没想到的是，我的情绪竟也这样抑制不住地倾泄出来。我看着眼泪一滴滴落下，滴在放在我脸部下方盛有鲜花的水盆里，而我的鼻涕也跟着挂在空中……我感觉好像有什么被释放了，却又说不出是什么。好像快要翻面了，我心里还想着："我的鼻涕怎么办？原来人的鼻涕这么有张力，都这么长了还不会断掉滴下去？"

　　男友的按摩已经结束，我还强装镇定跟他说等会见。其实我内心百感交集，真不知道翻到正面该怎么办。趴着的我，试着用脸部动作把鼻涕甩掉，却总是无法成功。最后只能在内心暗暗计划，等下翻面一定要用最迅雷不及掩耳的速度，用手把鼻涕擦掉。

　　按摩来到正面，我整理好情绪，告诉自己千万别再哭了。然而没过多久，我的眼泪又止不住地流。这到底是什么？我不明白，只是一直哭着。

大地妈妈的手疗愈了我

一直到疗程结束,眼泪都没有停过。

结束后,我问她:"你做了什么?"她笑着,没多说话。

"这里是每个人都做这样的按摩,还是只有你?"我问。

"只有我。"这时我才仔细端详她的脸庞,大概也就是三四十岁的年纪。

其实她的年纪并没有想象的大,但带有一种非常稳重、平静……很疗愈的感觉。

她静静看着我,我忍不住对她说:"我不知道你对我做了什么,但是我真的很谢谢你,你对我做了一件很重要的事。你真的在做一件很棒的事情,你一定要相信你自己。"

我并不知道自己为什么要对她说这些,但她听完,眼眶也已泛着泪光。

在这样的旅游度假村,或许不是每个旅人都能明白疗愈的意义,也不是每个客人都能知道她给出的按摩和其他人有多么不同。毕竟,疗愈不是躺着就能发生,而是当疗愈者与被疗愈者带着这样的意愿,效果才会如此显著。虽然我也不知道会发生什么事,但我把自己放空,也有意识地调整呼吸,跟她一起律动一起共振,或许我们这样才一拍即合。

我真诚地握着她的手,认真地告诉她:"你真的在做一件无比珍贵的事。我真的非常、非常感谢你……"我把所有能用的英文都用上了,只为了让她明白我有多么感动、多么珍惜她的工作。

她给了我一个拥抱。那柔软的身躯,完全包覆、包容着我,就像大地妈妈一样的存在。

从疗程室走回美容中心的路上，我一路牵着她的手，没有办法放下她。中心的柜台小姐带着微笑问我："刚刚的疗程还满意吗？"

我说："非常棒！"我试着询问柜台小姐，知不知道这位按摩师做的工作是多么独特？得到的却是千篇一律的官方回应："我们这里的按摩师都是一样的。"

不！你们不知道她做的工作有多棒！你们不知道她是多么珍贵的宝物！

我突然间感到好心疼。一个这么珍贵的宝石在这里，不知道有没有受到善良的对待？有没有人明白她的价值？她在我眼里，是那么闪闪发光。

回到房间，我就像脱胎换骨一样，经历了一次重生。我明白那是一个优秀的按摩师，通过天地的能量，传导出来的疗愈能量。那就是一个珍贵的"人"的价值。

现在回想起来，那是我这辈子做过最棒的疗愈。即使我不知道自己发生了什么事，但在那当下，我能感觉她温柔地接受了我、包覆了我。她平静、沉稳地接纳着我的一切，于是我内在的情绪才得以一点一点消融、释放。

我想要成为这样的人

后来我才知道，原来人的情绪都藏在身体里，所以当情绪没有被处理，我们就会生病、就会痛。我的身体一定是感应到了这份爱，情绪有了共振，我也因此，能够和内在已准备好离开的过去告别。于是我才出现这样流泪的反应。

从巴厘岛的夕阳，到菩提伽耶的菩提树，再到塔希提的按摩……这三次痛哭的经历，就像用眼泪在洗礼我的生命。这是三堂既震撼又珍贵的课程，我的人生也因此大大地改变。我渐渐明白，每当我有眼泪，就是有某些问题需要被我看见。这是来自我身体的模式，也是灵魂对我诉说的方式。

于是我不再随意地接受按摩。我有意识地挑选频率相投的按摩师，也开始寻求疗愈，就像在用身体做亲身实验，而我也乐于对自己进行更深的探索。我会细致地和疗愈师讨论我的反应，诉说疗程为我带来的改变，他们也乐于和我交流自身的想法，那对我来说是一种共同成长。

我也开始用另一种方式看待我的身体。我明白身体不只是我吃喝拉撒睡的工具，而是一个具有多样性的多次元载具。我的身体，绝对没有我想的那样简单，因此我也不断在学习更好地和"她"相处。有时候，病痛不只是病痛而已，背后有复杂的心灵成因，待我去看见、去抽丝剥茧。

这一连串的旅程，造就了现在的我。我知道这一切从来不是白白发生，因为生命中的每一件事情，都有独特的意义存在。

如果每一个人都有独一无二的人生学习道路，其实所谓的修行，也不过就是好好走在自己的人生道路上。照顾好自己，珍惜觉察每一件发生在自己身上的事情。没有什么是理所当然，每一件事都是奇迹。

　　这条独一无二的路,需要你我找到自己的方式去经历。你喜欢什么、什么能够吸引你？一点一点朝那个方向靠近,最终你就会走在你喜欢的道路上。

　　我喜欢旅行、喜欢体验、喜欢经历不同的事物,因此我的奇迹经常在旅行中展现。或许每个人都会有各自独特的经验方式,然而不变的是,当我们把每一件事情视为奇迹,生命就会充满奇迹。当你认为生命充满奇迹,我们就会成为一个充满感恩的人。而当我们心怀感恩,更多值得感恩的事就会发生在生命当中。

　　既然如此,我有什么理由不成为一个这样的人呢？我想要成为这样的人。

你与奇迹的距离只差了相信
你准备好张开眼睛看见它们了吗？

你可以做任何你想做的事情，
一切只不过是你的想法阻碍你的行动。
——《佛陀的女儿：蒂帕嬷》

我从来都不觉得我是唯一被眷顾的人，我认为每一个人都正在被眷顾着。

所以当我在那个海滩，意识到我是深深……深深被爱着的时候，我并不会觉得"我是这个世界上独一无二的存在"，我反而认为那份爱，好像一直都在；只是我不知道为什么在那一年的那一刻，才突然惊觉，它其实一直都在。

而我相信每一个人都有这样的机会，当你明白这件事情的时候，你的生命会得到180度的大翻转。我希望通过我的故事，让大家能够在生命当中"觉察"每一个细节，当那个翻转来到的时候，你能够一眼认出它来。

而我之所以分享我的故事，是想要告诉大家："你也可以。"

我很喜欢一本书叫《死过一次才学会爱》。作者艾妮塔·穆札尼曾经因为淋巴癌末期被医院宣判死刑，而她在濒死过程中经历了死后的世界，得到了体悟。那本书在我的人生当中非常有分量，因为在我爷爷过世之后，我花了很多时间寻找生死的答案……

到底死亡是什么？死后的世界又是什么？

我们会去哪里呢？我们还会再相见吗？

我要因为不晓得死亡之后的世界，背负恐惧过一辈子吗？

我觉得在那本书里我得到了一个充满爱的答案。

如果人生有选择，我会选择没有地狱的那一个；因为如果我选择有地狱的那个，我就会每一天都活在地狱里，当我心里有地狱，我就是地狱。

所以我觉得她的书给了我一个出口，至少我相信的这段时间里，我就活在如梦一般的天堂里，对死亡不再恐惧。当你克服了对死亡的恐惧之后，其实你的人生有一大半的恐惧都已经被解决了。或许你就能因此觉得："好，我不害怕接下来发生的事，重点是我现在要怎么好好活着！"那本书给我很多很多好的影响！我真的常常回想起这本书，从中继续得到很多不同的启发。

在2019年的时候，我得到机会拍摄一个纪录片叫《交换礼物》，那时的我想探讨"疗愈"与"重视自己的自愈力""拿回自己生命的主动权"这件事；我们在台湾地区拍摄了大概半年之后，导演问我说："宝仪，你还有什么想访问的人吗？"我说："如果可以的话，我想要访问艾妮塔。"导演说："好，那我们就去美国。"

其实很妙的是因为……导演在几年前就已经想把艾妮塔的书拍成电影，他也真的到香港见过艾妮塔，只是那个时候艾妮塔书籍的版权已经卖给好莱坞了。但他们就是见过一次面，也留下彼此的联络方式——再见面的缘分，最后我们很顺利地约到了访问。

我记得那天我穿上了我在澳大利亚买的一条裙子，同时也是拍摄纪录片有史以来最漂亮的一件衣服，然后带着"这是我生命当中很重要的一次访问"的心情去见她。见了面之后，我们像一见如故；因为我对她的生命故事很熟悉，加上她又是一个很开朗的人，所以一坐下来，二话不说我们就直接进入主题了。

因为是纪录片的拍摄，所以访谈中我希望她能够重新复述一次她的生命历程……在她叙述完后，我问了她一个存在我心里很久的问题。

我问她："你会定义自己的经历是奇迹吗？"她说："其实我不会定义我的生命经历是奇迹，因为如果一旦我这样定义了，你就会认为这件事情只会发生在我身上，会觉得这件事情跟你没有关系。可是事实上你跟奇迹之间的距离，只差了一件事情——'相信'。"

你相信，你就是奇迹。你相信，你可以做到这件事情，其实只有这个距离而已，没有别的了。

很多时候，我们觉得这些事情不会发生，是因为我们不相信会有这么好的事情落到我们头上，我们不相信我们是被眷顾，我们不相信自己超级幸运。

我之所以要补充这个故事就是因为……她的那段话给我一个很大的启发——阻止我们再往前走一步的，其实不是任何事情，往往都是我们自己。

而我之所以跟大家分享我的"天、地、人"的经历，也是很想跟大家说，你不可能完全复制我的经历，因为我的经历，是用我最喜欢的方式呈现在我的生命中。我相信你的奇迹，也会用你最喜欢的方式、你认得出的方式，出现在你的生命里。

只是，你准备好了吗？

你准备好张开眼睛看了吗？

打开你心中的眼睛，生命当中的转捩点无处不在

我记得我在巴厘岛回来的时候，写了一篇脸书贴文，内文感谢了那个美好的夕阳、感谢了老天爷、感谢了那只鸟……

我最后写了一句话："我必须说这段历程'Open the eye of my heart'。"我真心觉得在那个海滩，我的心有一个地方被打开了，在那之后，我看待这个世界的方式完全不一样了。

比方说我再看那个梦，到菩提伽耶那个法会，我完全知道生命是环环相扣、缺一不可的，我认出它来了，我认出每一件事情的连锁反应了。

我清楚知道我说的每一句话；即使是无心的一句话，它都会引发后面会发生的事情。即使是一句简单的话、一个记忆有点模糊的梦，只要在"你能认出它"的时间点发生了，那就会成为你生命当中的转折点。

而它会是什么？你不知道。你剧本写得再好，也写不过老天爷。

人的部分其实也是一样的，你要好好地跟你身边的人相处，你有把时间留给他们吗？当他们来到的时候，你有认出他们来吗？你有感受到他们的珍贵之处吗？

而我跟大家分享所谓的"天、地、人"这三个体验后，我很想跟大家讲——不需要去巴厘岛，也不需要去菩提伽耶和塔希提。

问题是，当那个"时刻"到来时，你认得出它们来吗？

你有把那个信念放在你的生命里，然后认出所谓的"奇迹"就是你自己吗？

你跟奇迹之间只隔着一件事情，
就是相信。

第二章

停下来检视自己人生

2 — LOOKING INSIDE

回想童年，我时常有被遗弃的感觉
深根童年的记忆

创伤，作为推动个人转化的燃料。
——杨定一

2012年开始，一连串奇幻的旅程，让我深深感受到宇宙的眷顾与祝福。从那时起，我开启了探索自己的旅程。我开始回溯童年，开始思考，为什么别人眼中的我过得这么好，但我晚上睡不着，会失眠？

我银行的存款数字，是人生当中有史以来最高的时候，即使2008年的金融危机让我跌了一身伤我都没有破产，我的日子没有改变。但早上起床，我却会质疑自己，究竟为什么要这样生活？

在别人眼中，我的男朋友对我也很好啊，为什么我还会有这个问题？

然后我才开始不断地回溯自己，看见从小到大内在的那些不安全感。

我3岁时，就和妹妹跟着爷爷奶奶来到台湾，虽然我的外公外婆也住在台湾，但是我其实并没有机会常常跟他们见面。妈妈留在香港工作，偶尔她回来探望外公外婆的时候，也会想要顺便看看我们。

每当妈妈联络我们，我们跟爷爷奶奶说想去看妈妈的时候，就开始了一整段的煎熬。还没去之前，一提出要求，就必须经历长时间的冷潮热讽："好啦好啦，那你们就去吧，去了也不用回来了。"

好不容易硬着头皮去了，终于见上一面，效果却没有想象中的好。因为彼此就是不熟。明明应该很亲的人，实际上相处的时间却很短。这真的是妈妈吗？课本上写的是：我的妈妈真伟大，身边同学被妈妈接送时，都会手牵着手一起走，而我看着妈妈，连手都不知道该怎么牵下去。

小时候的我，只是觉得应该要做这件事，应该要见一见妈妈，可是心里那个空虚，从来没有因为见面而被补齐。回家之后，迎接我的又是长达一周的冷嘲热讽，必须等到奶奶忘记这件事，我们才能回复正常生活。

这就是在我童年里，不断周而复始上演的故事。

我要不要去呢？我觉得我还是想去的，因为那是我妈。妈妈都开口说了，我总不能说我不要，所以我还是会去。可是那之前跟之后的煎熬，对一个孩子来说，实在太沉重。

为什么我的人生一定要选边站？我为什么不能得到全部的爱？为什么当我的同学理所当然地有爸爸、有妈妈、有爷爷奶奶，一家和乐融融的时候，我却必须面临选择，甚至背负背叛的罪名？

为什么我从小到大就要听别人说："好啦，你就去那边啊，你就不用回来啦，我们也不要你了，你也不需要我们了。"我为什么从小就要听这样的话？

我从小到大被植入一个"只要我做得不够好，只要我不顺大人的意，就可能会被抛弃"的念头，以至于我必须花更多的力气去填满那个"我希望我自己更好""我希望我不要被丢下""我希望我是被这个家需要的那个人"的渴望。

这样的念头在我内心深处植下很深的恐惧，就是我随时有被丢下的恐惧。如果只剩下我一人，与自己相处，成为我一个非常大的课题。

一个人的生活，对我来说更多的是痛苦

步入社会前还没有感觉，由于出身大家庭，高中过着住校的生活，上了大学积极参与社团活动……我的身边总是很热闹。我很需要群体的拥抱，在群体当中，我也找到自己的位置与肯定。

一直到大学毕业那一年，不知道哪里来的一股冲动，我决定要学拍电影。20 世纪 90 年代，台湾电影业不如香港，过去我曾因为爸爸的关系和香港影视公司有过一些合作，于是我收拾好行李，带着两个皮箱，就这么去香港开始新生活。

我从 3 岁来到台湾，就一直在台湾生活。香港对我来说，就像暑假的时候短暂造访的夏令营，是个有的吃、有的玩、有的疯，还可以去片场看明星的地方，但我从未久留。即便我从小大量接触香港文化，会说广东话，喜欢看港片，吃饮茶，我却从来没有独自在香港生活的经验。

这一回到香港时，继母与弟弟一家早已移民，于是我在香港的家人，只剩下爸爸与姑姑。爸爸长时间独居惯了，一开始我虽然住在他家，那里却没有我自己的空间。嗯，那是一个除了厕所没有其他隔间的房子，很大的双人床旁边是一个很大的

按摩浴缸，绝对不是久别重逢的父女相依为命的好所在。于是没过多久，我就搬到外面的小套房居住。那是我第一次尝试一个人的生活。

一个人的生活，没有想象中的自在或美好，对我来说更多的是痛苦。

我的套房位于一条花店街上，赏心悦目的同时，蚊虫蟑螂也都少不了。住进去的第一个晚上，就有一只超级大的蟑螂进到我房间，还是会飞的那种，我害怕不已，哭到停不下来。台湾的家人远水救不了近火，我只能整夜开着灯不睡。我不敢处理它，甚至不敢靠近，就只能这样盯着它直到天亮。

一个人在家，恐惧也不断被放大。我经常怀疑，是不是有人在动我家的门？是不是有危险在我身边？从来没有独自生活过的我，第一次发现，原来一个人住这么可怕。

搬去香港的时候是夏天，正好遇到八号台风。在香港，八号台风就相当于台湾的强台风。当八号台风消息一出，所有人都要马上回家，餐厅不能开，店面要关起来，陆上水上公共交通工具也都要停止运行。我从来没有遇过八号台风的经验，那天我一个人在家，没有东西吃，没有地方去，外头只有狂风暴雨。爸爸恰好不在香港，我打电话向姑姑求助，姑姑一面在家打麻将，一面笑着说："没事啊，台风马上就会过去啦！"

那次的八号台风持续了整整24小时。没有人来救我，旁人甚至根本不觉得这是什么大事。我只有一个人，只有我自己。

甚至，当我到了香港，才发现那时香港电影业也不如我预期地蓬勃。以往，香港一年的电影产出可达几百部，而当时，拍片量已经开始下降。于是，很多时候我都在等待，等待公司有片子要拍，等待剧组正式开工。

由于我从来没有真正进入现场的拍片经验，电影公司当时给我的工作是助理编剧和助理场记。助理编剧的工作是每天不断开会讨论剧本，而助理场记则是跟在正牌场记旁边，自己练习写一份跟场记一模一样的场记表。在片场，我学着计算底片的长度，记录每一个场景的细节，确保拍摄的连贯性……同时，我也隐隐感觉到，这个地方似乎并不是真的需要我。

大家是因为爸爸的关系，才让我待在这里吗？我心中总有一种心虚的感觉。从小我就不喜欢待在不需要我的地方，一方面，我不想成为多余的人，另一方面，如果这个地方不需要我，我就不应该在这里。我不想成为别人的负担。

一个人的独处，让我开始不断地回溯自己，看见从小到大内在的那些不安全感。

心中的垃圾要勤于打扫

就这样，几个月后，我幸运地遇到另一份工作的机会，担任传讯电视《非常娱乐》的娱乐记者。大学时期我曾在台湾真言社打工，因此结识了香港传讯电视的人脉。对方问我是否有兴趣一试，我也就欣然接受了。这份工作对我来说是一个新领域的尝试，是全新的学习，也是一份天大的救赎——我终于找到了一份属于我的工作！一份自己的工作，意味着我得到了归属，我每天都有地方可以去，我可以从这里开始交朋友。

即便如此，害怕一个人的孤独感，依然如影随形地跟着我。

我变得不愿意待在我的小套房里。一般人想到周末将至总是欢欣鼓舞，我却只有惆怅。想到只有我自己一个人，心中那份可怜与悲戚，会像泡泡一样不断地从内心深处冒出来，盘踞我的整颗心。

于是，工作的那段期间，我能在公司待多久就待多久。下了班，就约朋友唱卡拉OK，让自己疲惫不已，回家只需要倒头大睡，睡醒了就上班。

就这样过了几个月，我突然明白，原来我是一个无法和自己相处的人。当我停下来看着自己，我会害怕。我没有办法聆听自己内心的声音，所以我需要不断地往外跑、不断地和别人说话。

现在回想起来，那时的我，就是不断在转移注意力。我把自己的时间完全填满，就连上班的时候，也是一刻不能闲。采访、写稿之余，我会找同事喝下午茶、约吃饭。我不能停下来，因为，唯有一直有事做，我才不需要面对我自己。

当我没有时间独处，当我不需要面对我自己，我就不用问自己："为什么我没有办法和自己相处？为什么我不能一个人？"当时的我太害怕，所以没有办法面对这些提问。只是，身在其中的我不明白这一切，只是下意识地不断回避。

可是，害怕自己一个人，会让人做出很多傻事。

比方说，我会在外头熬夜逗留，危害我的健康；我会约别人喝酒，醉了就崩溃大哭。我知道我过得不好，但我却不知道该怎么办。我还会交不好的朋友、谈不适合的恋爱，因为谁愿意陪我，谁就会是留在我身边的那个人。

我无法静下来好好思考。因为我总需要有人、有声音在我周围，让我明白自己并不孤单，让我能被完全填满。人在这样的状态下，无法分辨什么对自己有益、什么对自己无益。

我只是无意识地让时间流过，仿佛流过了就表示自己很好，我没事。这样的我，不懂得为自己做选择，我无力去分辨，更不用说为自己的人生做出正确的决定。

现在如果让我重新来过，我会用另一种方式来生活。

如果我能回到过去，我会跟那时候的宝仪说："亲爱的，这样并不能解决问题，只会是不断地恶性循环。问题就像家里的垃圾，不处理、不解决，只会越积越多。等到你意识到事情难以转圜，要想整理，将会是一个非常大的工程。"

现在的我明白，心中的垃圾要勤于打扫。积极觉察，积极处理。

或许去做做疗愈，或许通过日常的功课下功夫。就像量体重一样，时常通过体重计关心自己的状态，就不会等到胖了 10 公斤，才惊觉再不减真的不行了！要减掉 10 公斤是一个多么艰辛的过程，如果在一两公斤时就试着控制体重，那不是轻松多了吗？

现在回想起来，那段时间的我，没能做到良好的平衡，于是那几年的生活就是一团糟。而没有处理根本的问题，这样一团糟的状态，就会周期性地反复出现在我的生活中。

就算我后来意识到要开始学习独处，也不是马上就能成为一个擅长和自己相处的人。这是一个循序渐进的过程，需要慢慢去练习与适应……这时，请给自己时间，一步一步慢慢来，我可以一个人了，我可以跟自己对话，我可以面对我心里的恐惧了；我一个人也可以很好，我可以一个人去吃饭，我可以一个人看电影，我可以一个人去运动了。

通过一点一点的练习，我才开始明白一个人的珍贵。

一个人运动的时候，不需要配合其他人的节奏；一个人看电影，不需要妥协彼此的喜好。第一次一个人的旅行，让我发现，原来我很好玩！跟我自己出去很好玩！少了对同伴的顾虑，就不需要相互迁就。我累了就休息，想跑行程就去跑，除了比较难点菜，其余一切都好得不能再好。

当我学会一个人过日子的时候，我也开始学会欣赏我自己。这份欣赏，不是来自他人的肯定，不是他人告诉我："你很美、你很好，跟你在一起我很开心。"这份欣赏是来自我自己——我觉得我很美、我很好，我让我自己很开心。

我是谁？不再被身份所局限
走出父亲的光环

不完美地活出自己的生命，胜于完美地模仿他人。
——《薄伽梵歌》

曾经有很长一段时间，我都感觉自己被"曾志伟的女儿"这个光环困住。常常有些同样身为名人二代的朋友来问我，到底是怎么走出来的？我能看到有些朋友仍在苦苦挣扎，但若不是我也走过那样的日子，现在的我，没办法理直气壮地说出"是谁的女儿，无法定义我"这样的话。毕竟，身边人的眼光，带来的影响是巨大的。

比方说，我刚出道的时候，所有人介绍我的方式，都是"曾志伟的女儿——曾宝仪"。不管我再怎么抗拒、再怎么努力做出成绩，我出了唱片，成为畅销歌手，担任大大小小节目的主持人，甚至得到奖项的肯定……人们想到我的时候，依然是——曾志伟的女儿曾宝仪。

很长的时间里，我为此感到迷茫："我到底是谁？我一辈子都要活在这样的光环之下吗？"

慢慢地我意识到，这个头衔只是一个客观的条件陈述，而我不一定要主观认定它的意义。

客观的条件意味着，我确实和父亲有着血缘关系，无论我是否接受，它都是千真万确的事实，我无法改变它。然而，我自己的主观认定是我可以改变的，我要不要被这件事情困住？我要不要被这件事情局限？我要不要让这件事情定义我？当别人不断地用同样的方式介绍我的时候，我要在意吗？

这些都是我可以主观决定的事。

当我明白这一点，我就开始观察自己，进行不同的实验。比方说，有人只是用这句话作为开场白，起了个头之后，就再也不会提了。那么，这个头衔，也不过就是扮演着"开场"的意义。

有些主持人需要通过关联性、关键字或头衔，去唤起观众的注意力和期待感，借此让人们先在心中有所预期，知道该把接下来要迎接的来宾，放在什么样的位置。这样的头衔，也决定主持人谈话时切入的主题和兴趣点，有更多的话题和亲近度。当然，也有些主持人并不需要这么做。那么，是否被提及这样的头衔，其实是对方的习惯或倾向使然，跟我并没有关系，我不需要把这些事情背在身上。

当没有把自己和他人的责任跟界线分清楚时，很多人就被这样的事情困了一辈子。

学会厘清"哪些是我的责任，哪些不是"

有人会说："你当然会选择做艺人，有爸爸罩着你，你比其他人有优势嘛！大家都会给你面子、给你机会，你的起点比别人高。"是的，我承认我很幸运受到许多眷顾，但也正因为这是一条父亲走过的道路，在某些方面，它也会为我带来额外的艰辛。

即便我的起点比别人高，但去到高处的缓坡，还是得我自己去爬。我能爬到多高，我如何摆脱那个起点带来的枷锁，那都是我自己需要努力的功课。毕竟，也有很多享有较高起点的人，享受着那样的高度，选择不爬坡。除了身为谁谁谁的子女之外，再无其他更多表现可言。

如果我和父亲从事不同的行业，或许不会产生这么多额外的压力。如果我在其他领域发展，我的成就，或许能单纯通过我的专业表现被评价；然而，正因为父亲同样身在娱乐圈，又是成就辉煌的业界大佬，人们不免将我们两人放在一起比较："你不想和他一样吗？""爸爸是影帝，你想成为影后吗？""你想当导演吗？"

我花了很长的时间才明白，即使我和父亲在同样的行业发展，我也不需要成为他。我甚至不需要超过他。

我的父亲之所以是现在的他，有许多客观因素使然。那个年代的香港，是百花齐放的娱乐盛世，每年能产出几百部电影。那时候，一个明星一年能拍 20 部作品，每个人的作品经历都是 100 部起跳。然而现在，一年有两部电影可以拍，就是超级巨星了。

我的父亲活在一个那样的年代，但我不是。于是，我不需要因为没有达到和父亲一样的成就，就去责怪自己不够努力或不够优秀。我们拥有的客观条件本就不同，真的不需要比较。

而且我父亲是个把一辈子当三辈子在过的人。他可以用力地玩、用力地工作、用力地做慈善，也能用力地喝酒、用力地挥霍他的时间，所以他一生能完成的事情真的很多。我不行。我要看书，我要放空，我要休息，有时我一次只能做一件事情，我脑子里那个切换的开关没法像他运作得这么快速，我只能用我的节奏做我能做的事情。简单地说，我不是他。

通过不断地拆解，我渐渐厘清了"哪些是我的责任，哪些不是"。如果今天，我对自己的工作不负责，只是顶着父亲的光环，滥用他人给予的机会，那么我不可能有更多的工作。然而，即使第一次机会，是因为"我是曾志伟的女儿"而给到我，当我努力尽心地完成，当机会再一次来到我面前，肯定就是因为"我是曾宝仪"。

客观的条件，可以是助力，也可能是阻力。我可以通过我的主观意识去解读，或者，试着放大它的助力、减少它的阻力。当我心怀感谢，认真完成，就是在放大它的助力；当我不把阻力放在心上，不让它困扰我，那么它带给我阻力就会愈来愈小。

我应该想的是："我为什么要做这件事？找到属于我自己的答案。"

比方说，旁人经常认为，曾志伟的女儿踏入演艺圈，是理所当然的选择。但，我爸爸生了四个小孩，也不是每一个都像我一样成为艺人、成为主持人呀！没有什么是理所当然。

我为什么会进入这一行，是因为我真心喜欢这个职业。那不是因为我是曾志伟的女儿，也不是因为这件事情落我在头上，非担起来不可……不，我会成为艺人，是因为我喜欢。

如果我不是真心喜欢这份职业，不可能持续耕耘超过20年。只是，在初入行的头5年，我还无法明白到这一点。头5年的我，只觉得这份工作是一个很好的机缘，能获得不错的收入，要是现在放弃，机会不一定能回来。于是，我给自己5年的时间，让自己放手做。

随着入行时间愈来愈长，我渐渐从中找到乐趣。直到走了20年，现在我才明白，我生下来就是要做这件事。每个人的人生路径是如此不同，有些人很小就明白自己的职志，于是可以按部就班地朝自己的目标前进；我的人生则是很多机缘的累积，让我一路走到今天，明白这是我的志业。

当然，我可以更仔细地分析，我是通过放弃什么而得到了什么、成为什么，但很多时候，我自己也不是那么明白，只是顺势而为，就走到了今天。每个人的路径都没有对错好坏，该走到的都会走到，无论过程为何，那都是人生给予我们独特的礼物。

觉察自己的情绪，厘清它真正的来源

艺人的身份，是帮助我认识自己的重要关键。身为艺人，我们经常扮演"不是自己"的角色。身为演员必须进入角色、身为歌手要维持某种定位与形象，即使参与综艺，也可能在节目中负责特定的反应与节目功能。这些都是应工作需要而扮演的"角色"，那并不等于我们真正的自己。

演艺圈是一个很好的修行场，因为许多人会误以为，你扮演的角色就是你自己。然而，演艺圈也是锻炼心智成长的极佳处所，因为当你明白了、厘清了角色和真实自我的分界在哪里，你也就成长了。在工作中，我很清楚我是在扮演某些角色。于是，我将这样时时刻刻的觉察，也运用在生活里。

这件事情我做起来开心，还是不开心？到底是什么定义了我自己？

不一定要马上做出结论。给自己一段时间，去好好观察，

在这件事情中，我有没有不愉悦的情绪？如果出现不愉悦，那主要是对于人的情绪，还是对于这份工作的情绪？我们经常以一句"不开心"概括总结，让人与事混为一谈，细致地分辨与观察，能帮助我们厘清情绪的真正来源。

就说吃饭好了。我明明很喜欢吃饭，但为什么这顿饭吃得很痛苦？可能是因为我不喜欢和这个人吃饭。或许饭很好吃，但一起吃的人不对。于是我就明白，我的这份不舒服，跟饭没关系。如果不去仔细分辨，有些人在吃了一顿不愉快的饭之后，就只会归咎为餐厅的问题。其实餐厅没有问题，食物也没问题，是一起吃的人有问题。当然，也有的时候人没有问题，但餐厅有问题。

吃饭是一个很好的觉察机会，因为每个人每天都要吃饭，于是每天都可以学习去辨别。但是关于生命的体悟，若是我们没有意识到去觉察，就可能完全忽略了真相。例如，今天我对家人发了脾气，那到底是我在生她的气，还是我在生自己的气呢？是她真的做错了，还是我觉得我做得不好，所以"恼羞成怒"？

人都有惯性。每天我们的各种举动、念头和选择，都是无意识间惯性的展现。觉察就相当于一份警醒，时时刻刻去注意、去提醒自己，我为什么这样做？这真的是我想要的吗？或者，这是不是我内在的某些 bug 又在运作？这些 bug 无意识牵制了我？

每当我觉得有什么不太对的时候，通常我的身体会有反应，或许是肌肉的紧绷、呼吸的急促，或是心中升起一股烦躁感，就是不平静。这时我会知道，内在的警钟似乎响起，我需要去看看哪里出了问题。

每一个人或许都有自己内在警钟独特的"声响"，通过那样的"不舒服"或"不寻常",你会知道有什么该费点心思去看看。而当我们带着一份觉察的意识,去关注自己时时刻刻的起心动念和实际行动,就能够越清楚看见自己的模式、厘清分辨自己的选择,进而调整一直以来的惯性。

有时,身边的人会是我们很好的老师。亲近的人能看到我们看不到的盲点,如果身边熟悉的人同时有细致的觉察能力,他们也将协助我们看见自己未能意识到的模式。

这份明白,是我得到的一份珍贵礼物——你有让你自己开心吗?你有能力让自己开心吗?几十年来,我花了很多力气去寻找让自己开心的方法,是真的开心,是没有打卡上传没有人点赞也开心,是没有人看着我也开心,不是他人眼中定义的开心。

不需要再去"符合"什么,你可以决定评价自己的标准

以前,我总觉得身边要有人在,我才会开心。于是我需要依赖别人、配合别人,我必须成为一个讨人喜欢的人,我担心只要自己不够好,别人就会不喜欢我。这都是一连串的连锁反应。

当我没有办法发自内心欣赏自己,当我把自我价值,建立在别人的眼光、肯定与认同上,最容易发生的,就是谈糟糕的恋爱或交到不适合自己的朋友,因为谁能够给我最好的赞美,我就会情不自禁地喜欢他。然而,我的人生告诉我,这样的恋爱或友情通常都没有好下场。

现在回过头来看,也觉得当初的选择不可思议,但我明白,那是因为过去的我,心中有一个空洞需要被填补。因为这空洞

是如此巨大，所以谁能用一份巨大的热情填满它，我就会毫不犹豫地向他飞奔。这样的恋爱或友情之所以糟糕，从来不是因为对方有什么不好，而是因为那奠基在我的匮乏之上。

我害怕自己一个人，我害怕自己被丢下……儿时的经历无形中制约了我，让我想要被需要。我想有巨大的爱包围我，于是我要扮演一个最好的女朋友，借此证明"我值得被爱"；只是，当时的我还不明白，"我就是我，我本来就值得被爱"。

带着这些匮乏的我，没有办法清楚分辨"我到底要什么"，也没有办法判断这个人是不是真的适合我？他适不适合在我的生命里和我共同成长？于是不管是人、事、物，我都无止境地只想让他们填满我。

那个赞美与肯定是真的我吗？我会不会在与人交往过程中为了维持得到那样的甜头而失去真正的自我呢？

然而，当我回到最根本的核心——当我自己可以欣赏我自己、面对我自己，当我可以和我自己相处、对话，当我可以肯定我自己、找到自己的信心，我就不需要向外索求。那样的我，不需要通过他人的话语，来确认自己的美好。

我可以成为那个鼓励自己的人，我可以决定评价我自己的标准。我不需要再去"符合"什么，也不需要在别人的标准之下，被评断出一个什么结果。我不想再被比较、再被分类。因为我就是我——我好或不好、快乐或不快乐，只有我自己可以定义。这是我送给自己很棒的一份礼物。这份礼物不是突然从天而降的奇迹，而是通过一点一点的累积，慢慢得到的一份明白。

问自己"然后呢",找寻生命答案
赚钱是为了什么

自从有零用钱后,我第一个念头不是买什么,而是把钱存起来,我总想着,如果有一天我要离家出走,至少还有"钱"可以陪着我。

另一方面,大家族的生活,多多少少都会耳闻财力造成的差别待遇,所以我从小就知道,我必须要有钱,不能依靠别人。无论我有钱之后要如何对待别人,至少我得先有经济基础,才不用看别人脸色过活。

于是,我从小就节省,也懂得存钱,家里给的零用钱,我会省吃俭用存下来。吃卤肉饭的时候,从来舍不得花 5 元钱加颗卤蛋;赶时间不得不坐计程车的时候,眼看快要跳表,我宁可下车飞奔,也要省下多跳的 5 元钱(光是这件事就可以看出我人生的荒谬了,我到底是想省钱还是想省时间啊)。即使开始工作赚钱,一个 800 元港币的戒指,我依然看了一年也舍不得买,直到我要离开香港,为了留作纪念,才铁了心买下它,而我就是这样一路生活过来的!

我曾经告诉自己:"存 100 万(新台币)吧!存到 100 万,我就发了!"我几乎不花钱,所以对我来说,存钱非常容易。慢慢当我存到 100 万,我告诉自己:"我要存 1000 万!"进入演艺圈后，我每天行程满档，周一到周日都要工作。生活如此繁忙，更没有时间花钱，所以我的财富不断累积，1000万很快就存到了。

目标达到之后，我不禁问自己："然后呢？"就像跑步一样，好不容易跑到一个地方，还是得决定"接下来要去哪里"，我想了想……那就拼个2000万吧！

过了几年，2000万也存到了。渐渐地，我开始觉得这样的模式有点奇怪。

然后呢？

存到2000万，然后就是3000万吗？然后是5000万，再来是1亿吗？那存到1亿，然后呢？

我很清楚，我的工作性质，是有付出才有收获。要想获得收入，需要我有健康的身体，付出时间、付出劳力、付出精神去换。不会有天上掉下来的一桶金，也不会有加乘加倍的奇迹回收，当然，也没有躺着赚钱这种事。所以，我真的要用这一切，只为了换那一山接着一山高的存款目标吗？我这么做是为了什么呢？

过去，为了存钱，我会做一些自己并不喜欢的工作。例如接下频繁赶场的节目，一下飞机直达活动现场，结束后，隔天就搭机离开。我去过许多城市，却不知道那个地方长什么样子。因为除了机场、饭店、活动现场，我根本就没去其他地方。

第一次认知到这样的工作形态有问题，是某一次当飞机降落，工作人员来接机，他说了声："宝仪姐，欢迎你'再度'来到……"咦，我来过这个地方吗？那一刻，我真的觉得自己的人生出了问题。除此之外，为了赚钱，我也会接下需要长途跋涉、路途遥远的工作，长久下来，身体变得很累。

一开始我没有意识到任何问题，我只是一心想赚钱，有工作我就接。就像我心中对爱的空洞一样，对于金钱的安全感，也有一个洞需要不断被填补。

一直到有一天，我打开存折。看着存折里的数字，我拿起计算机开始算，究竟我每个月会花多少钱呢？我一年究竟需要用多少钱？然后我才发现，生活简朴的我，赚的钱早就够我活到 90 岁……只要币值不要贬得太夸张，从现在开始什么都不做，我也可以活得好好的，一直到老。

然而，我还在拼命地蒙着头赚，究竟是为什么？我赚钱要做什么？我在填一个什么样的无底洞？

你可以选择纠结，也可以选择不把它当一回事

当我不花钱的时候，我的钱都是属于银行的。

2008 年雷曼兄弟公司宣告破产，我也是受灾户之一。我还记得那天早上，我一如往常地翻阅当天的报纸。当天的头版头条，大大写着雷曼兄弟倒闭的消息，我还心想，这不关我的事吧！我抽出喜欢的演艺版，随即把其余报纸放到一旁。

没过多久，帮我理财的姑姑打电话来："宝仪，你看到新闻了吗？"

"有啊，你说雷曼兄弟吗？"我问。

"嗯，出事了。你损失了……"姑姑说。

听到消息不免震惊，但至少我还镇定地挂上电话。我这才转身捡起报纸，好好详阅内容："原来，这件事情关我的事！"

那一波的损失，成为我和人聊天时经常用上的话题，但其

实，虽然损失了一大笔钱，但我并没有难过很久。因为那些钱，从来就不是我实实在在拿在手里，又突然消失的东西。

那时候，我才明白，钱对我来说，不过是银行里的数字。少了个0，也不过就是少了个0。多一个0、少一个0，我的日子都没有不同。我并没有因为投资失利就没钱吃饭，也不会因此无法支付日常开销。我不用像年轻时一样，勒紧裤带，省吃俭用去生活。那么，我到底还在恐慌什么？我为什么还要拼了命赚钱？

当我意识到，那些钱对我来说不过是数字而已，看完报纸，这件事情又被我放到一边。我没有心痛，也没有让那样的损失折磨自己。那些钱是多少工作累积而来的报酬，我连算都没有算，就只是把它搁到一旁。

我告诉自己："只要我还能赚钱，我就不会饿死。那我还有什么好难过？"在那当下，我做出了选择。我可以选择陷在里面纠结，我也可以选择，就把它当成一个数字。这样的选择对我来说差别非常大，显然我选择了后者："钱，再赚就好。"

后来回过头看，那时的选择，的确成为生命中重要的分水岭，让我的人生走上不一样的路途。毕竟，我身边也有其他蒙受重大损失的长辈，就此一蹶不振，最后抑郁而终。那样的低落不是因为金钱上真的匮乏，只是因为不甘心，放不下。生活依然过得下去，但如果心里过不去，它就会成为心中的魔障。

事件过后，我开始思考，我还要继续为银行赚钱吗？我拼命工作，存到这些钱，然后呢？这样拼命工作，是为了谁呢？我还要这样无止境下去吗？

于是，那之后我开始有意识地调整我的生活，设下我的界限。我告诉经纪人："如果要去很远的地方，下飞机后两小时的路程是极限。"因为那是我感觉我的身体能承受的极限。再多，我的身体吃不消，身体健康很重要，所以这份工作我情愿放弃。

当我开始懂得挑工作，开始慢慢调整我的步调。这样的心念，为我带来的是生活上全方位的连锁反应。

明白我们不是什么，才会逐渐接近"我们是什么"

2016年，我和一群年轻人一起主持一个叫作《吃光全宇宙》的美食旅游节目。最后一集，制作单位请主持人分别用一个字，表达对对方的看法，我得到的字是——"懒"！看着这个"懒"字，当下我很错愕。一直以来活得像拼命三娘的我，这辈子从来没被说过"懒"。但原来，在事业正起步的年轻人眼里，有工作还挑着做的我，坚持要好好休息、要能睡饱的我，真的是很懒啊！

我看着年轻的后辈，心想像你们那样全年无休、马不停蹄地生活，我也过过呀！我曾经一年365天里面，有360天都要工作，剩下5天是因为过年电视台没有录影，所以我才能够休息。周一到周日，每天我都有节目要直播。我有电台的直播、有电视的直播，没有一天停下来过。这样的日子我过了3年，我很清楚那是什么感觉。现在，要我再过同样的生活吗？真的没办法。

因为，后来的我很清楚，不能再用填满时间、填满行程的方式去过生活。我知道永远会有下一个"然后呢"在前面等着我，而我不能用忙碌去逃避它。我需要找到对我来说重要的事，厘清属于我的答案，才能真正去经历生命。我想要找到一个终极性的答案，一个不是为了暂时填补空白的阶段性答案。而生命正是在我寻找答案的一路上，为我带来这么多的体验、惊喜和学习，让我一路走到了现在。但我也明白，在过程中，阶段性答案也没有什么问题。人生旅途跌跌撞撞是常态，毕竟我们总是试过"我们不是什么"，才会逐渐接近"我们是什么"。

"然后呢"这三个字，总是在很关键的时候，出现在我生命当中。而这样的提问，总促使我不断地寻找答案。死了，然后呢？成功了、得到掌声了，然后呢？在外看似风光，夜里却辗转难眠，然后呢？这些我努力想办到的、得到的，对我来说的意义是什么？它值得我现在这样去付出吗？

检视这条人生的道路蓝图，是一场自我探问的过程。什么是我想要的，什么不是？什么对我来说是重要的，什么不是？什么是一定要办到的，"一定要"的原因是什么？财富、功名、健康、快乐、家庭、成就……在你心中，孰轻孰重？为什么？慢慢你会找到，对你来说重要的是什么？

这些真的是你想要的吗
找寻自己真正的价值

2015 年，我接了一份工作，那份工作的内容没有什么问题，我却做得非常痛苦，因为我能感觉到，自己没有被放在对的位置上。

合作单位对我的期望，只是按照脚本来演出。因此，我只要把设计好的台词一一说出来，这份工作就算完成了。我不需要多想什么、多做什么。甚至前一天晚上开会时，我提出的建议，第二天会像没有发生过一样。感觉就像，我现在做的这份工作，换成谁来做都一样。

类似的情况发生几次之后，后面的录影对我来说，就成了一种莫大的痛苦。甚至每当我要准备出发时，光是收拾行李，就会开始焦虑。"天啊！我还要再去吗？救命啊……"这样的声音不断出现在我脑海。而当痛苦累积到一个高点，就再也无法被忽视，砰的一声爆发了。

我永远不会忘记，那一天在机场，我已经办好登机、过了海关，心中那份巨大的不舒服还是难以平复。就在随身行李即将过安检的那一刻，我突然掉头离开。经纪人阿牛在旁边吓坏了。

"我有东西忘了拿，我需要出去。"跟海关报备后，我头也不回地，直直冲到机场大门。

一路上，我一直哭。阿牛紧张地跟在后面，不知道该怎么办。我一边无法控制地掉眼泪，一边却像有另一个自己在看着这场戏："曾宝仪，你是在演哪出？你现在的观众只有阿牛一个人喔！你要想一想要演到什么时候，等一下飞机就要飞了！"阿牛隔着一段距离，远远看着我。

"宝仪姐，不然这样，我们这次还是去，不然明天的录影会开天窗……之后我再去商量，看看是不是之后不要去了。"阿牛试着安抚我。其实我心里知道，最后我还是会去，无论如何我都会去，因为我不是一个会让事情出错的人，我是宁可委屈自己，也会成全大局的人。

那我为什么还会演出这场戏呢？

有些价值是必须实践过，才明白它真的存在

那天的我，明白了一件很重要的事，如果这是一场戏的话，我必须演出来。因为这个情况已经太过戏剧性，太过荒谬，以至于内在的我无法再忽视下去。内心巨大的声音在提醒我，必须面对这个问题。我也必须让我身边的人知道，请正视这个情况，这已经不是嘴巴说说的抱怨、牢骚，而是一件我会决绝到拿着行李离开的大事。

后来，我还是搭上飞机，完成这次的工作。我也依然按原定计划，完成了那一季的节目。节目组或许是察觉到我的痛苦，因此没有再提出继续合作。然而，事后，我的北京经纪人，却忍不住跟我说了一句重话："宝仪，你不能就当赚钱吗？"

"我不行。"

"你这样不是跟钱过不去吗？"

"我不是跟钱过不去,我是不想跟我自己过不去。"

然而,人生就是这么奇妙。当你对宇宙发出宣言,这世界就会给你回应,因为在同一年年底,我就接到了腾讯新闻的合作邀请。

腾讯新闻的合作邀约,是一档叫作《听我说》的直播新闻节目。一开始,我觉得他们大概是疯了,才会找上我……嘿,这是一档直播的新闻节目耶!

在节目里,我们邀请当年最具争议性的新闻当事人,通过直播现身说法,聊聊他们如何走过这段经历。比方说,那一年新闻人物包括被老虎咬的女人(在野生动物园违规下车遇袭,母亲为救女丧命)、第一个与机器人下围棋的世界职业棋手樊麾、中国第一狗仔卓伟、马航失事罹难者家属等。

这是一个主题涵盖性很广的新闻节目。收到邀请时,我只觉得:"怎么会找上我?我没做过新闻啊!"这是在新闻平台播出的节目,看的观众与新闻从业人员会用专业的角度检视我,那可不是出了错"嘿嘿嘿"三声就能混过去的,而且是直播,要是有什么差池,全世界都会看到,我真的要折磨我自己吗?

但心里有另一个声音是,会不会他们看到连我自己都不知道的潜力呢?而且我可以在最短的时间回顾过去一年发生的大事,新闻人物还会在我面前现身说法,我可以看着他们的眼睛近距离聆听他们真正的心声,这机会实在太难得了!

于是我接下了这份挑战。

直播前,我用心熟悉所有新闻内容,翻来覆去沙盘推演可能会有的状况。另一个困难点是前一个事件可能很悲惨,接下来却是愉快的主题;欢声笑语结束后,可能马上得进入一个哀伤的事件……我必须引导受访者吐露心声、表达真实，同时掌控现场观众气氛，让节目一气呵成、流畅圆满地完成。

这不是一项容易的任务。但做完这档节目，我却觉得找到了自己的价值——我的价值，在于聆听。

或许我不认同你说的话，但我誓死捍卫你说话的权利。在这节目里，我提供一个平台，让受访者有机会畅所欲言。我会采访，我会问一两个问题，我也会调节气氛，在受访者失控时调整谈话的走向……但是我真正扮演的是一个润滑剂的角色。我是一个作用很广的润滑剂，无论你是严肃的、娱乐的、悲伤的、快乐的，在我这里，都不违和。

合作完《听我说》之后，节目组接着找我做了其他节目。例如，访问春运返乡旅客的《回家的礼物》，以及再之后的系列纪录片《明天之前》。在彼此的合作当中，我深深感觉到自己被信任。这一份一份多么难的工作，因为有着节目组的相信，我加倍努力、使命必达去完成。

我总觉得，有些价值是必须实践过，才明白它真的存在。腾讯新闻给了我这个机会，相信我、赋予我各式各样的挑战，因此我在实际经历过程当中，意识到自己是一个特别的存在。《听我说》让我看见作为一个聆听者的价值，我能用最宽广的态度跟不同的人交流与学习。《回家的礼物》让我能在很短的时间，从一个个平凡小人物的故事中，看见他们心中最重视的是什么、他们过得好或不好、他们现在的生命是什么模样，也让我明白自己有通过话语疗愈人心的能力。《明天之前》更是把我放在一个面向全世界的位置，探讨深刻而浩瀚的人类议题。我实实在在地去到最前线，亲眼去看什么叫抗争、什么叫悲伤、什么叫分离、什么叫恐惧、什么叫不公平……那都不是一般的工作能带给我的体验，也不是在家里读一本书、看一部影片就能拥有的获得。

每一次完成工作后，我会有一种通体舒畅的感觉，就像吃到好的食物，全身上下每个细胞都像获得滋养一样。这些都是非常直觉却真实存在的感受。于是我知道，这是一份对的工作，对我来说是很棒的机会与尝试。

一份好的工作，能带给你养分、让你感觉受到支持，好的工作会带来一种能量交流的感觉，让你有成长、有学习。

这一连串的工作，带给我启发、思考、体验和信心，让我可以去面对更大的挑战。通过一次一次的克服与完成，我知道了我是谁，我知道我可以做到。在每一个当下，我都知道"我不只是这样而已"，因为我比我想象的还要更好。这些都是实际经历过才明白的道理。

向宇宙发出宣言，世界会适时给你回应

走过这一路，我想分享的是，当我对宇宙发出宣言——"我不想只为了赚钱而工作""我不是跟钱过不去，我只是不想跟自己过不去"，以及"我想要跟明白我的价值的人一起工作"，事情就接踵而至。

但要是我没想清楚，或许就会像过去的那段岁月一样，我会无意识地交朋友、无意识地把生活填满、无意识地赚钱、无意识地过活……所以，请谨慎地向宇宙发出你的宣言，因为宇宙必定会给你适时的回应，而且那必定是你最想要的东西。

《牧羊少年奇幻之旅》一书里提道："当你真心渴望某样

东西时，整个宇宙都会联合起来帮你完成。"对我来说，这件事情千真万确。或许它不会以你想象的方式来到你面前，但那是因为它会用超乎你想象的方式来到你面前！还是那句，人的脚本写得再好，也写不过老天爷啊。

当我明白这个道理，许多时候我就会放手。不过同时，我也得先准备好我自己，机会到来时，才能水到渠成。

比方说，当我收到《明天之前》的合作邀约时，如果不是因为我一年前就想学英文，所以累积了一年的练习，我是不可能接下这份工作的。TED的演讲邀约也是一样。2014年，我因为拍了一部叫《客从何处来》的纪录片，主办单位想安排我去中央电视台演讲。那时我说："我不知道我要讲什么。"于是我就推掉了。

现在回过头看，我当然觉得可惜，为什么不试试看呢？但另一方面，如果没有这些年的经验与累积，我还真不知道自己上了台能分享些什么。有些体悟就是得自己亲自走过，你得知道什么是你不想要的，才会知道，什么是你真正想要的。

很多时候，我们一直重复在做自己不想要的事情，是因为全世界都在这么做，我们就视这件视为理所当然。例如全世界都在赚钱、全世界都想功成名就、全世界都在结婚生小孩……可是，那真的是你要的吗？你真的要做这些事吗？这些问题，只有你自己能够回答。

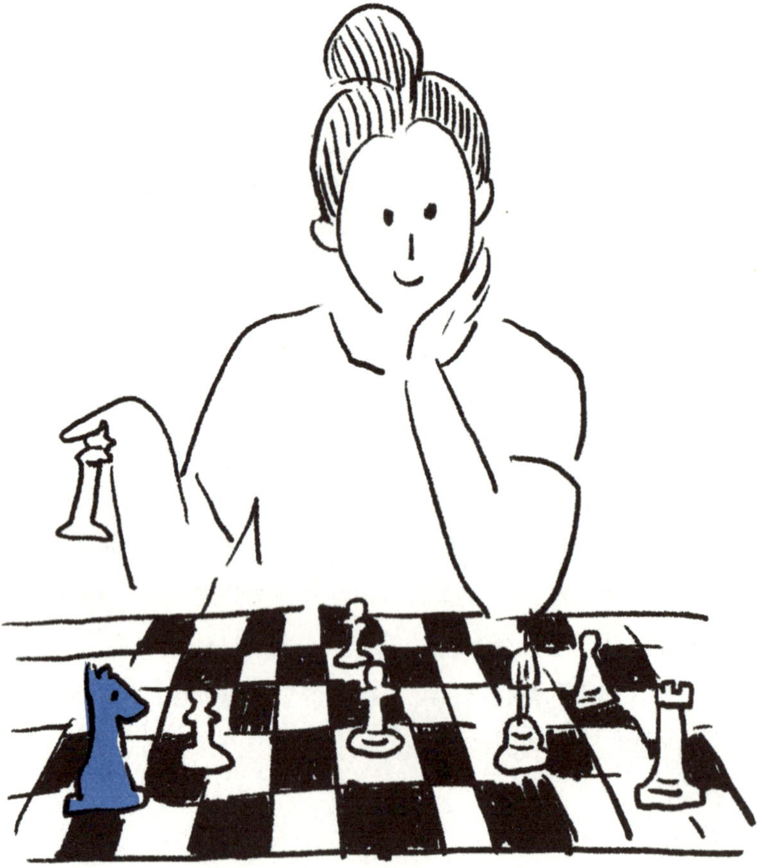

什么才是爱
我曾经想成为最好的女朋友

小时候,我们的爱是从大人身上学会的。大人通过照顾我们来表达爱,于是我们会误以为照顾他人就是一种爱。但是,爱只是这样而已吗?

长大一点之后,我通过电影和书本来学习爱。于是我发现,强烈地想看见某个人、想要把对方拥入怀中、想要抚摸、想要拥有的渴望,可能就是一种爱。但是,那些想要的背后,经常也伴随许多痛苦。

可是真正的爱,背后应该是没有痛苦的啊!那到底,什么才是爱?

在人生旅途中,我通过各种经历,一点一点慢慢体会爱。这当中,也包括问自己:"我到底想要被怎么样对待?我想得到什么样的爱?"

以前的我很需要陪伴,我很怕一个人,也很怕孤单。如果一个人,就觉得自己好像什么也不是。那时候的我,无法面对我自己,所以总想要有人在身边。于是我认为"爱就是陪伴"。我需要家人、朋友、爱人的陪伴,我会一直想谈恋爱。因为有了爱人,就会有人陪伴我,所以谈恋爱变成我生活中非常重要的一件事。

但即使身边一直有人陪伴我,我心中依然有一种空虚的感觉。仿佛有一个洞,一直没有被填满。于是,我再度感到疑惑——这是爱吗?陪伴就是爱了吗?

或许你我都有过这样的经验,我们一度觉得拥有对方就像拥有全世界,但到了某个时刻,却觉得这样的相伴变成一种折磨。当初的爱,不见了吗?它跑哪里去了?为什么爱这么机巧、这么容易变化……爱难道不应该是永恒的吗?

成为世界上最好的女朋友,曾经是我的人生目标。我是一个爱谈恋爱的双鱼座,我享受在爱里,也希望能给对方最好的爱。我不需要成为顶尖的女强人,但我希望成为对方最好的伴侣。

然而,在一段段的情感经历中,我发现这样的想法让我陷入无尽的痛苦。

首先,当我以成为一个最好的女朋友为目标,就意味着,我的人生中必须有伴侣。其次,我会因为对象的不同,而让自己调整变化成"他"想要的样子。但那样的我,不见得是我最舒服、自在的样子,也不是"我"真正的样子。或许一开始总是甜蜜,但随着时间过去,就只剩下妥协与配合。甚至是相处模式固定下来之后,就只会害怕要是不这么做,就可能会起冲突。

这样,还算是爱吗?爱为什么变成了这个样子?

究竟是你变了,我变了,还是有什么变了?

于是,成为最好的女朋友,慢慢地变成一个诡异的生命目标——我这样想,真的对吗?

万一我认识的是一个王八蛋,那我是不是得耗费好几年的痛苦折磨，才会意识到这样的付出并不值得？这么一来，我的人生不就是在给他人做奠基吗？那我呢，我在哪里呢？

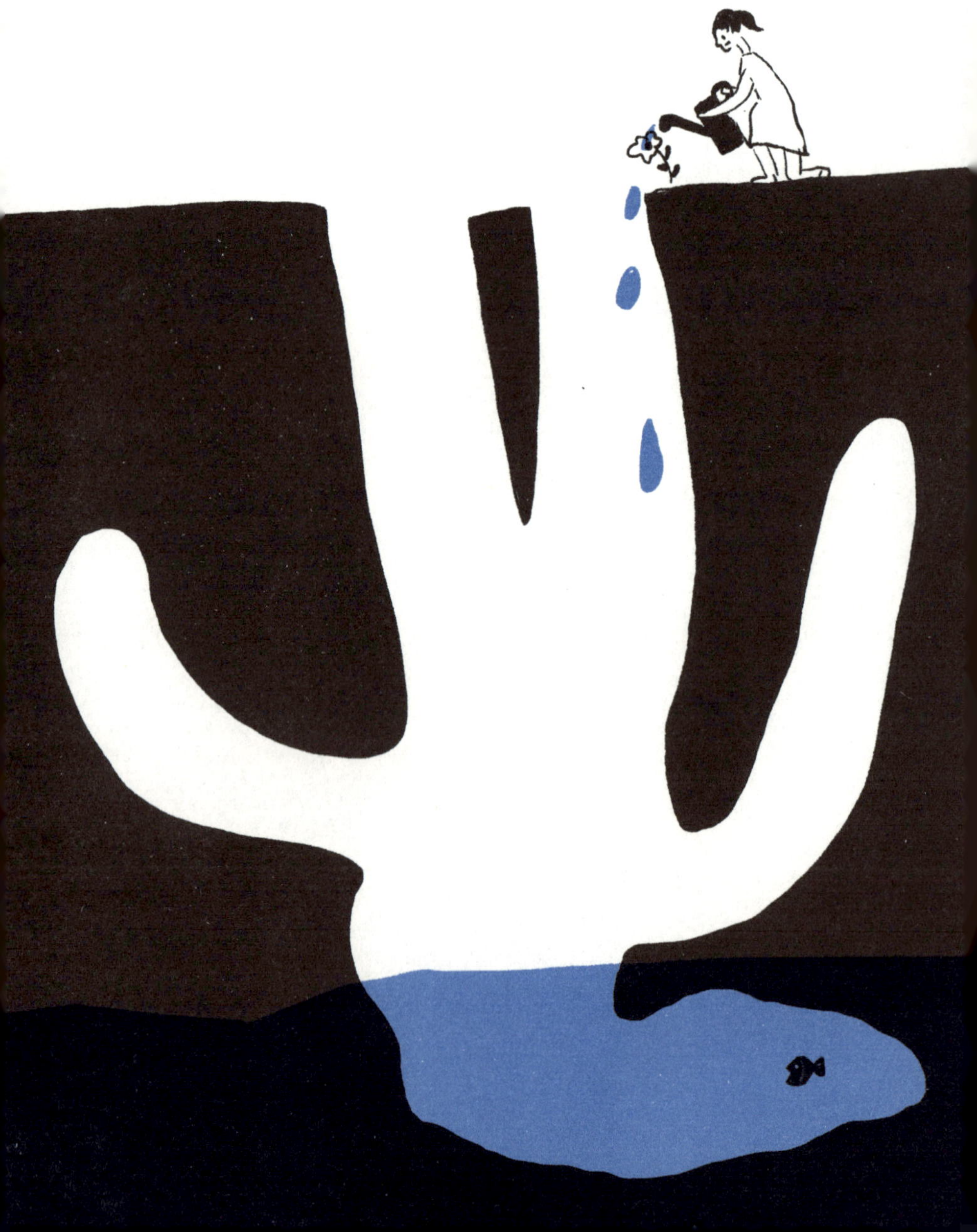

真正的爱是让一切事物为之所是

年轻的时候,我总觉得,能够好好谈一段恋爱,就是人生最好的事。要是能像好莱坞的电影一样,王子与公主从此过着幸福快乐的生活,那就是最棒的事情了。但电影从来没有告诉我们,"The end"之后,男女主角又发生了什么、面对了什么。

长大后才懂得,每一天,我们都在面对"The end"之后。

我总是通过爱情,慢慢学会爱。谈了几段不是很成功的恋爱之后,我逐渐发现,那个最适合我的人、那个完美的人,可能并不存在,因为,我也不是一个完美的人。

当我要求另一个人成为完美的同时,我也在无意间要求自己成为完美。我要成为一个完美的女朋友,这意味着我也在期盼对方成为完美。只要对方不符合我的要求,我就会感到痛苦;当我觉得自己不符合他的要求,我也会感到痛苦。但真正的爱,不应该有痛苦。

爱当中或许有学习、有成长、有互动,但爱不应该是痛苦的。那些痛苦更像是一种提醒,让我们知道,在爱的学习上,还有没想明白的地方。

比方说,分离是一种痛苦,得不到是一种痛苦,但我慢慢也学习到,所谓的痛苦,某种程度上,都是自己带给自己的。我怎么看这个现状,将决定我是否感到痛苦。要是没有分离的痛苦,怎么会有相聚的快乐?于是分离真的痛苦吗?还是可以视为重逢的前奏呢?很多事情都是相对的,不见得要用绝对的方式去理解。

虽然我一直在寻求一个绝对的爱的答案,但我却在尝试相对的过程中,渐渐靠近了爱的真相。我渐渐从爱"不是"什么，明白了爱"是"什么。卸下了广告、电影、父母、社会、DNA……为我带来的种种限制之后，剩下的是什么？那真正属于我、来自我对爱的理解，是什么？

真正的爱是让一切事物为之所是。这是我的现任伴侣，在交往多年之后，慢慢教会我的。

爱里从来不该有牺牲

我有一个惯性，总觉得"还有更好的东西在后头"。因此，我去旅行的时候经常赶行程，因为我总觉得下一个地方或许更精彩！我觉得明天一定比今天更好，下一个地点会比现在这里更好、更漂亮，一定还有什么我不知道的在等着我，一定还有什么好事正准备要发生吧……

这种惯性可能会发生在生命的不同阶段，毕了业考上大学就好了吧？成为大人就好了吧？升职加薪就好了吧？中乐透赚大钱就好了吧？找到更好的伴侣我就好了吧？结了婚生了小孩就好了吧？小孩长大我的责任完成就好了吧？退休后什么也不用做就好了吧？

在我尚未意识到这一点的时候，它就是我身上无意识的惯性，展现在我生活的方方面面。我经常没有好好待在当下，因为我总在期盼未来。直到后来，我才慢慢明白，少了每一个当下的细细品味，其实就失去了旅行的意义、生活的意义，甚至是关系的意义。

这样的惯性鲜明地展现在我和男友的关系中。即使我浑然不自知，枕边人却很清楚——如果你总是期待会有下一个更好的可能，那现在的我算什么？我无意识的惯性不仅让我痛苦，也让身边的人很痛苦。

一开始我并不明白,我认为自己全心全意投入这段关系,但其实,我的言行举止都说不了谎。我们的惯性、生活习性,都是不会说谎的。如果我没有发现自己的惯性、破除这个迷思,我就只会永远处在等待里,等待"未来"的美好发生,等待每一个"下一次会更好"。而那对伴侣来说,是非常伤人的事,多年来我却浑然不知。

为此,我和男友有过争吵,也有多次的沟通。最后,他对我说了一句话:"如果和我在一起的你,不是真正的你、不是你最想成为的你,那我宁愿你不要跟我在一起!"这句话,就像当头棒喝一样给了我一击。

一开始我也委屈,我也抗拒:"我做错什么了?我觉得我是一个很好的女朋友啊!"一直以来,我努力地做一个很好的女朋友,但却忽略了一件事——如果我没有成为我自己,我就不可能成为一个最好的女朋友,或许该说我根本不需要成为一个最好的女朋友,我只要成为我自己就好。

在爱里,我们经常会说:"我都为你付出了这么多。"但或许,我们付出的,并不是对方想要的;而那个为了付出而委屈妥协的自己,也不见得是对方喜欢的样子。真正爱我的人,不会想要我做那个"最好的女朋友",他只会想要我成为"最好的我自己"。

或许我们身上都有一些旧有的模式,下意识地运作着。它需要我们更清晰去看见。许多一直以来的惯性,并不容易在一夕之间改变,但是只要意识到,就是第一步的开始。

"我现在看见了,我不会让它再发生……"我对男友说,"但若是我重蹈覆辙，请你提醒我，那不是我故意的，而是我不自觉、是我没有意识到。这些模式是怎么来到我身上的，我还没有弄清楚，但我想和它说再见。请你陪伴我、帮助我，请相信，我是真心地想要和你好好学习，一起向前走。"

这番话，就相当于我的宣言。当我对我的生命、对我自己、对我的伴侣，发出这个宣言之后，我们就再也没有为这件事情吵过架。旧的模式依然可能浮现，但他发现时会提醒我，我也时时保持觉察，我们有共识，一起为这件事情努力。

我很清楚，我不要再做同样的事情了，因为那不是我，那也不是爱，爱里从来不该有牺牲。

所有不是"你"的事情，做起来一定很痛苦。或许一开始，我们还可以用爱情的泡泡去粉饰："因为我爱他！""因为他喜欢！"但如果那不是真正的你，时间一长，就能感受到心中的勉强。

比方说，我不是家庭主妇类型的女生。如果我的男友心中期望另一半贤慧顾家，一日三餐都细心准备，家事一手包办，温柔细心又体贴，那么他会非常痛苦，我也会非常痛苦，因为这些都不是我擅长的事。当然我可以试着去做，但过程中，我可能要付出特别多的力气、承受庞大的焦虑和压力，成果还不一定能如预期。

我们每个人都有自己适才适性的发挥之处。有些人做某些事就是特别容易上手，因为那就是属于他的东西，于是做起来不仅比别人轻松、容易做得好，还能乐在其中。

如果我不是在做我最开心的事，我的身体会知道，我的心也会有一种"牺牲"的感觉。然而，爱里从来不该有牺牲。

无法真正成为自己、活出自己，当然会造成伤痛

有时我会听到朋友说："我只是为了孩子才忍耐我的另一半。"或是听到他对孩子说："要不是因为你，我早就怎么怎么了！"听到这些话的时候，我总是会想，为什么他不能对孩子说："我只是因为爱你想成为你的父母。"为什么要让孩子背负着父母为了我牺牲很多的愧疚，回过头来进行所谓"孝顺"的动作只是一种还债的心态，而不是因为我从你这里得到了无条件的支持与爱，所以我也很愉悦地用无条件的支持与爱对待你。更糟的是孩子可能会无意识承担了"因为我爱你所以我必须牺牲我自己"的木马程序，然后让这样的行为模式一代一代传下去。

当我们定义出生活中的优先顺序，那是一种厘清，而不是委屈或牺牲。例如许多明星婚后退居幕后相夫教子，旁人经常感到"可惜"。但，如果那是对方真心想要的选择，如果那当中没有牺牲，当事人就只会充满喜悦，又何来的可惜呢？

真正的爱，或许不见得在于多做什么。不只是"我帮你盖了棉被"或是"我为你做了饭"……付出当然是爱的一部分，但我在走过人生之后才逐渐明白，真正的爱是让一切事物为之所是。无论对自己，对对方，都是如此。

前阵子我读了动植物沟通师春花妈的书——《跟一棵树聊天，听他的人生哲学》。其中，春花妈跟造型盆栽聊天的故事，给了我很大的冲击。故事的主角松树被修剪成独特的造型，旁边还搭配青苔造景，通过人工的美感雕琢，俨然成为一件艺术品。

然而,松树却一点也不开心:"你们为什么硬是要我往下长呢?太阳就在上面,为什么你们要觉得往下长才是对的!"

苔藓也说:"没错!我就是要在这里最舒服、最快乐、最好生长,你们为什么硬要把我挪到那里!"

看到这里我才发现,是啊,人就是这样。我们经常按自己的想法,去决定是非对错,却忽略了"对方"怎么想。我们觉得这样美,觉得这样好,甚至觉得……"我这么做是为你好"!然而,所有一意孤行、一方强加的"为你好",最后只会在对方身上留下伤痛。那个对方,可能是植物、动物,也可能是子女、伴侣,或任何一个我们所爱的人。

伤痛不只来自彼此之间的冲突或抗拒,也不只来自倔强的屈服;当对方有着"因为你是为我好,所以我得接受"的想法时,即使是心甘情愿的妥协,他依然都因此变得"不再是自己"。松树不松树了,苔藓不苔藓了,孩子不孩子了,我也不我了……无法真正成为自己、活出自己,当然会造成伤痛。

当我们真正地爱一个人,不会希望对方痛苦。当对方能真正自在地舒展自己,感觉自己所有真实面貌都被接纳、被包容的时候,或许才是真正的爱的展现,因为,那也是我们所有人都希望被爱的方式,不是吗?

彩虹教会我的事
活在当下，放下执着

我非常喜欢旅行，其中格外喜欢的是京都。多年来屡次造访，春夏秋冬的景色我都看过。但即使京都是我去了七八次以上的城市，每一次去的时候，还是不免会赶行程。这个市集我一定要去……那间神社不能错过……那棵树我要去摸一摸……连我自己也不明白，明明去过这么多次，怎么还是学不会从容？

一开始，我没意识到这一点，也没好好想过这件事。不过，京都也不着急。它就静静地在那里，让我经历属于自己的旅程。

2019年年底我去了一趟京都，那一趟旅行教会我很大的功课。为了见证枫叶转红的京都，我排除万难安排了这趟旅行，到达时虽然已是秋天的尾巴，我依然下定决心一定要看到橘红色的枫树！查了查资讯，往北边的鞍马移动有机会看到枫林，于是我和男友便向鞍马前进。

一路上，我的失望逐渐累积。很明显枫叶都已落得差不多了。虽然电车上的风景美丽依旧，但同样的景象我已见过很多遍，心中更是懊恼，都来了这么多次，还是没有见到满山遍谷枫红的景象。难道我就注定看不到我最想看的风景吗？

抵达鞍马后，我决定在附近走走，无意间去到山上一座很小的神社。或许它根本称不上神社，只是一间很小很小的庙。

我的心情纷乱，既失望、懊恼，又夹杂一种想要却不可得的烦躁。

既然没有红枫林，我为什么会来到这里？我要学习什么吗？它要带给我什么灵感吗？每当我有这样的疑问时，我习惯花点时间坐下来静心。于是我决定在这山林间静一静，看看这地方想告诉我什么信息。

我在附近随意找了一格阶梯，坐下来静心。我闭上眼睛，发出提问："这一趟京都旅行，是要让我得到什么呢？"我得到了一个很简单的回应是："你就好好待在当下，其他的交给京都。"除此之外，再无其他。

"这么高深啊……好喔，我们就看看会发生什么。"结束静心后，我在心中这么想着。

然而，离开鞍马之后，每一天的旅程，我还是很烦躁，心心念念我旅程计划中的市集。

"天桥立是日本三景耶，我们去看看吧！"虽然应着男友的提议前往，我的各种焦虑从未停歇，我们赶得上公车回来吗？唉，怎么下雨了！我们现在如果走了这条路线，等下就来不及去那个地方……我的心中满是复杂的心情，永远在计划怎么用最有效率的方式，走遍所有想去的行程。

我的心思与精神都在尚未到来的下个行程，没能好好投入"现在"。我想要尽可能看到最多的东西、得到最多的信息，整个人就像打转的陀螺一样停不下来。

旅程最后两天，我们回到京都。那是我特别重视的一天，因为在下鸭神社有3个月才举办一次的森林手作市集，这么难得的机会，无论如何我都要去。男友个性随兴，起床也晚，等到要出门的时候，我已经有些许的着急和不耐。

出门前，他突然说："这里附近有个便当博物馆，要去看看吗？"既然就在民宿附近，实在没有不去的理由。当然，我也希望能尊重男友，陪伴他去他喜欢的行程。相互陪伴、共同探索，这就是旅行的意义，不是吗？我这么告诉自己。

于是我按捺着心急，前往便当博物馆。那座博物馆明明很美，我却只一心挂记着市集。我一面焦虑不已，又一面提醒自己："要回到当下，我该把注意力放在当下。"整个过程内心都在挣扎。

好不容易离开了博物馆，我们又在马路对面发现一个精巧的武士钮扣商店。商店虽小，东西却精致又有深厚的艺文与传承历史，老板看起来这么和善好聊，我却还是一心想着："快中午了！我要去市集！"男友看出我的心急，只得匆匆离开。

前往市集的路上，突然下起雨。前几天日日带伞的我，那天竟然没有带，情绪瞬间烦躁到最高点！而当我排除万难，终于去到一路挂念的市集，却发现，参展的摊位和之前并没有多大不同。期待了这么久，就这样吗？这些我去年来的时候都看过了啊……虽然我还是欣赏了现场表演，也买到喜欢的商品，但待了一个多小时，我们就离开了。

让我挂心的最后一个行程结束了，我也就当作这趟旅行已经画下完美的句点。然而一整个早上的烦躁，换来的不是圆满的踏实感，而是诡异的空虚……京都啊京都，这趟旅行究竟要告诉我什么？为什么我心中还是莫名地不舒服、过不去？我实在毫无头绪。我好像还没学会，感觉有什么事情尚未完成。

我和男友继续在附近逛逛，他提议走到鸭川的另一头去买咖啡豆。我在地图上确认好路线，就开始朝目的地走去。

如果一切自有安排，又何必活在焦虑当中

走着走着，我们进入一条巷弄，两旁都是精巧体面的独栋民宅……此时，我的心又烦躁了起来，其实我只要转出去，旁边就是鸭川了呀！我明明可以沿着鸭川欣赏风景，现在却困在这条只有建筑物的巷弄里面！内心明明生气，我却不想承认自己就是无法享受当下。

一路上，我只想着那条被错过的鸭川，却还假装没事，开开心心地和男友谈论眼前美丽的建筑。

终于，我们去到鸭川，准备过桥去到另一头。一出巷子，人就豁然开朗了起来。鸭川的桥上有鸟儿聚集，水面上有白鹭鸶，远方还有老鹰盘旋，看到这么美丽的风景，我们忍不住停下来拍照。正准备离开时，男友转身想帮我拍照——"彩虹！"他大叫一声，我回过头，看见身后一片硕大的彩虹。那景象，美得令人说不出话。

这么大的一片彩虹，唯有人在视野空旷的桥上才能看到。我看着眼前一片绝美壮丽，眼泪忍不住落下——造访京都这么多次，这是我第一次遇见彩虹。

当下我才明白，如果早上没有拖拖拉拉出门、中途去了那些不在计划之内的行程，如果不是那所有看起来插队的、让原定计划延误的一切，我现在不会出现在这里，也不会看见这道美丽的彩虹。如果不是刚才那条巷弄多花了脚程与时间，我也不会刚好在这个时间点，出现在这座桥上。

还有……如果不是中午下了雨，又怎么会有彩虹？

这时，我再次想起，在山上静心时京都跟我说的话："好好待在当下，其他的交给京都。"从一开始，它就已经告诉我

答案，只是我一直没有明白。

这一路上，我错失了多少当下的快乐……在天桥立、在市集、在博物馆，我走过的每一条路、遇见的每一个人，都有当下遇见的意义，而当时的我只一心想着下一个目的地，没有好好体验每一个当下。直到这一刻，我才真正明白，如果一切上天自有安排，我又何必让自己活在焦虑和烦躁当中呢？放手欢迎一切的发生，是这道彩虹带给我珍贵的礼物。

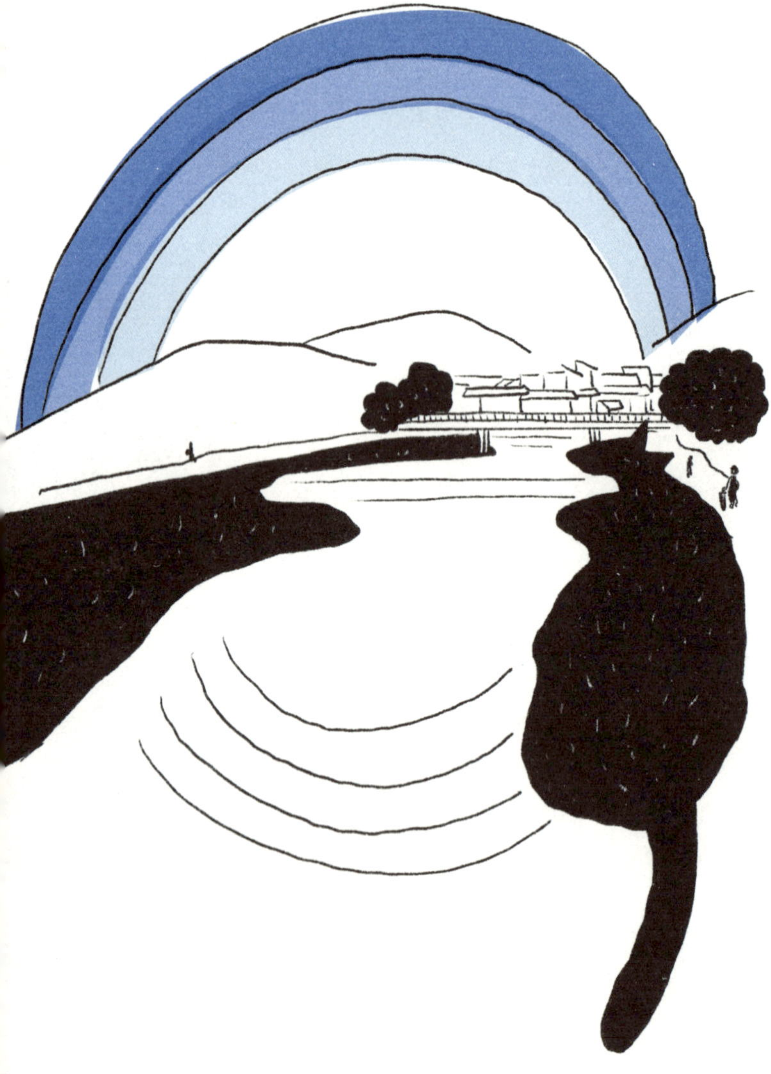

放手欢迎一切的发生，
是这道彩虹带给我珍贵的礼物。

"无常"和"离贪"的学习

执着想要得到、执着事物该要怎么样发生、执着一份完美，就会有不如所愿时的痛苦。

我曾经参加一堂禅修课程，课程最后，我们要通过打坐，去参"无常"与"离贪"这两个概念。闭关之前，我刚在直播节目《听我说》中，采访了一个因一场大火而失去全家的生意人。其家保姆因经济需要，一手导演了这场火灾，想通过成功灭火要求奖赏，最终，却不幸让大火带走了一大三小的生命。原本幸福成功的快乐人生，就这样在一夕之间崩塌。

这个故事，俨然是人生无常的极致。当他的故事在我静心时浮现，我不禁泪流满面。我们每天说了多少次的再见，却没想过，某些再见，是再也不见。人生在世，其实每一天都是无常。

而了解无常的下一步，就是离贪。

为什么我们难以接受无常？那是因为心中有贪。我们把许多事情当作理所当然的发生，每一天的幸福都是这样理所应当，今天在身边的人，明天当然也会在。然而，世事无常难料，如果我们无法离贪，就会不断受到无常之苦。

我不能执着于追求快乐，因为当我一心追求快乐，那就是一种贪。当我得不到，就会有苦。就像在京都旅行中，我一心想着要去手作市集，当我执着于它必须发生，就会因为无法实现、尚未实现而被困住，进而受苦。

通过在人生中慢慢看见"无常"和"离贪"的学习，我才明白，自己必须一点一点放下对于生命的执着。我还是很想吃好吃的东西，但我不需要因为没有吃到好吃的食物而生气；我还是会想工作赚钱，但我不必要因为没有工作而丧志。真正开心的人，无论身处何种境地,都是开心的。

我想成为一个自由的人。如果我太过于执着,一定要发生某些事情才能带来快乐,这样的想法就会成为我的限制,我也会因此不自由。尤其,当事情没有如愿发生,我就会不快乐。

如果没有岁月的累积,我不会明白这些。毕竟,40 岁之前,我还在努力地建构我是谁、我要去哪里?我要去很远的地方!我要成为很好的主持人!我要说出掷地有声的话!我有我的标准,我要做出什么样的表现、要有什么样的伴侣……光是那么多的"什么样",就够困扰自己了。

后来我也发现,重要的不是我"想要"什么样的伴侣,而是他"是"一个什么样的人。如果我能够欣然接受这样的他,并且让他做自己,他就会是我最好的伴侣。如果他也能明白这件事,并且愿意让我成为我自己,我俩就会是彼此最好的伴侣。

什么才是自己
爬上有形的山，走过内心无形的山

我总是从什么"不是"什么，看见什么"是"什么。

我从什么不是爱，慢慢明白什么是爱，也从什么不是我，逐渐厘清什么是我。

这几年我最大的收获，就是不断地和所有"不是我"的事物告别。只要我不再背负这些"不是我"的事物，我就能更加和自己靠近，我就能成为一个更加自由的我。如果"自由"对我来说是某个人生目标的话，我现在开始"有意识"地朝这个目标迈进。

年轻的时候，我们总以为自由就是"想去哪里，就去哪里"，拥有一本护照、拥有足够的钱，可以随时说走就走。然而当我发现，即使我能去到所有想去的地方，却依然觉得不自由的时候，我才明白，我从前理解的自由不是真正的自由。

2020年初，我的一个朋友，要拍一部关于爬山的纪录片。纪录片的每一集都以一个爬山的向导作为主角；其中有一集，向导打算带领初学者踏上十日的登山旅程，体验长征的乐趣。聊天时，朋友随口问我："宝仪，你要去吗？"工作团队都是我朋友，我自然回答："好啊！我们谈谈看。"

没想到，不经意脱口而出的一句回答，却为我带来莫大的压力。

我知道自己年纪不小了，爬山这样的事情，可不像年轻时一样能够说走就走。十几年前，我曾因为工作的机缘爬过西藏高达5800米的高山，经历过那样的痛苦，实在不想再贸然尝试。但我又想，如果我要再一次尝试爬山，这或许会是一个最好的机会。一方面它以带领初学者为初衷，另一方面又有专业的向导，还能成全纪录的意义……这不是很好吗？

就在我犹豫不决、反复挣扎的同时，导演告诉我，团队过两天要带另一位初学者试爬合欢北峰，问我要不要一试？爬完若觉得可以就参加，要是不行，也不用再苦恼。想想这个路线可以一日来回，是个不错的测试，于是我便一口答应。

我们一行人一早上山，上路不过10分钟，我就知道，我不会参加纪录片拍摄了。爬山的过程对我来说实在太痛苦，过去所有相关的辛苦记忆，全部鲜明地回到我脑中。为了模拟实际登山时装备的重量，每个人身上都背了十几公斤的负重。对我来说实在太重了！我光是徒手走上去就够痛苦了，还有十几公斤在身上，让我举步维艰，我真的不想要！

一路上，我内心有千百个不愿，但我告诉自己，既然来了，就好好爬完。直到登顶，即使在看着美景、吃着泡面、喝着手冲咖啡，我心里只想着，天啊！待会还要原路下山，我的膝盖啊！（你看到我的惯性又出现了吗？）下山后，我没有克服万难的成功喜悦，也没有苦尽甘来的踏实感。我只是庆幸，终于可以回家了。我只想洗个热水澡，躺在我的床上，好好睡一觉，然后再也不用去爬山。

然而在山上的时候，我依然花了点时间静心。那时，山告诉我:"接近我,不需要那么用力。你可以用任何你喜欢的、舒服的方式跟我相处,不管是在高空俯瞰我,或在山脚靠近我,跟我相处,不需要通过征服。"收到这个信息,我瞬间放下了心:是啊,我为什么要跟别人一样呢?我这辈子都在努力想要活得和别人一样好,但如果不是我最开心的方式,我又何苦逼自己去追求?

把"享受其中"放在"证明自己"之前

两天后,导演约我聊聊。一坐下来,我忍不住声泪俱下。(这真是一本集合了各种眼泪的大全集啊!)

"我这辈子真的都很努力,"我说,"我很想去爬山,很想证明我可以做到这件事。但我这辈子都一直努力在向别人证明'我做得到'。我证明我可以考第一名,我可以担任称职的主持人,我可以这样、我可以那样……但是,现在我突然觉得,我不想再继续努力了。我觉得我已经很好了。我这样就可以了。我想放过我自己。"

虽然哭得一把鼻涕一把眼泪,但当我离开的时候,我感觉整个肩膀都轻了,仿佛身上的某个重担,终于被"我自己"卸了下来。同时,我又像爬过了一座很高的山,那是一座一直在我心中的、无形的山。我曾经为自己设下一个很高的标准,现在我知道自己已经真切地走过,从此不需要再爬这样的一座山了。

以前我总怕自己不够努力,担心不够努力会被瞧不起,也担心会辜负他人的期望。于是我经常压力大到身体失调,老毛病也不断反复。然而,当我决定了要把"享受其中"放在"证明自己"之前，当我允许自己可以不用照单全收、不用事事拼尽全力，就相当于决定让生活中充满更多令我快乐、享受的事物。于是我学会舍下那些不适合我的，也学会适时耸耸肩，不把每一件事揽在身上。

换句话说，我感受到前所未有的自由，做自己的自由。

这次的经验让我得到一份勇气，我得到拒绝的勇气，也得到接纳我是谁的勇气，更重要的是，我得到再也不期许自己成为他人的勇气。对我来说，这是人生走了 40 多年，终于得到无比珍贵的一份礼物。

因为曾经活得用力，所以我知道用力活出人生是什么感觉。现在的我，想成为一个活得努力但不用力的人。我不想再过度用力，只求尽心把能做的事情都做好。更重要的是，我想更多地接纳我自己，接纳所有一切的成果，因为我知道，一切都会是最好的发生。

让自己成为自己最好的老师

我曾经在一本书上看到一句话："从现在开始，任何时候都觉得任何时候是完美的！"那句话像是一份礼物来到我面前，虽然不总是记得，但它会在关键时刻提醒我，不要再无意识地谴责自己，期待一个不见得会到来的未来。

人生从来不是一种制式的 SOP 流程，它也不像方程式，不是 A 加 B 就会等于 C，别人的公式也不见得能套用在你身上。我们所能做的，只有找到自己最好的方式。而我们每一个人，都是自己最好的老师。

书本、上师、朋友、各种资讯……或许可以为我们带来提醒，但真正地履行这趟人生的是你自己。你愿意采用哪些观点？你想怎么做？你在其中体验到什么？学会了什么？那才是人生带给你真正的学习。

任何发生在生命当中的事情，一定都有其发生的理由。生命中的所有一切，一定都有要让你看见的、觉察的、学习的、成长的部分。无论是苦是甜，是幸福是伤痛……那所有一切，都在为我们带来体验。所以，别回避生命，别回避你的感受，去全然地经历它、体会它，就能让自己成为自己最好的老师。

在学习生命课题的过程中，也要记得，别把生命的力量交给别人。我们可以寻求协助，但不是依赖那份协助。相信自己有带领自己的力量，即使在低谷中，也愿意抱持信心去陪伴自己、做出属于自己的选择，那就是生命力量的展现。

比方说，我也曾经以为，恋爱就是我人生的解答，我也曾经以为，只要找到"对"的男朋友，就是幸福快乐人生的开始。但是，就算和最理想的男朋友在一起，生命的难题也不会停止发生。我们依然可能争吵，依然可能分离，依然有需要面对的课题，不断在浮现。

原因在于，人生的答案从来就不在别人身上，而是在于我们自己。当关系里的我们没有准备好，再对的人出现在面前，也只会是一段错遇的缘分；当我们心情不好，再出色的美食，入口也是索然无味。问题永远不在外界的东西或人，而是我们自己。

所以，无论遇到什么事，永远要回到内心去寻找答案。只有"你"，才握有通往自己内心的正确答案与钥匙。钥匙从来不在别人身上，别人也不会成为你的解答。

或许你会认为，内在会有情绪或感受，还不是因外在人事物的牵动？但要是内在没有对应的因子，也不会因而被牵动或触发。例如对失去的恐惧，可能使得某些人特别容易遭受欺骗；对安全感与爱的渴望，使得某些人特别容易遇到错待的渣男。

问题永远不在别人身上。如果没有看见自己内在最核心的议题，去好好下功夫、做功课，类似的课题就会一再重演。因为当你克服了内在的卡点，曾经的问题，也都不会是问题了。

因为走过，所以明白，因为体验过，所以懂得。我通过人生的经历，逐渐厘清自己喜欢什么、不喜欢什么，也渐渐知道，我适合什么、不适合什么。我因此能一点一点更靠近我自己，也更认识"我是谁"。

先建立"我是谁"，再渐渐拆解"我不是谁"

每个人的人生，都是独一无二的。每个人对事物，也都有独特的体会。因此，我经常建议大家，多去体验。开心的、不开心的，都去经历，不要害怕去尝试。人生中的每一个体验，对我们来说，都是珍贵的元素——你得吃过咸，才知道什么是咸；你得吃过甜，才知道什么叫甜。你得吃过苹果才知道苹果的滋味；你得认真地生活，开心地笑，大声地哭，才能明白原来那就叫喜怒哀乐。

经历过了，你会得出自己的解释。有些人尝过痛苦，但他喜欢痛苦。如果痛苦让他享受，痛就不必然是件坏事。所以，每个人都应该建立一份自己的快乐量表，那份量表，只有你能定义，只有你能评断。

接近所谓的大师、活得自在快乐的人，也是建立量表的一种方式。人们常说："近朱者赤，近墨者黑。"某种程度来说，有这样的人存在，就是我们比照的标杆。看到他人活得那么自在、快乐，我们会知道，原来，真的有那样的地方存在！

虽然我们能从更前方的人身上，看到彼端那不一样的特质，但最终还是要回到内心，去做出自己的评断。你看到了爱、看到了慈悲、看到了宽容、看到了体谅，你会明白，这世界上有这样的东西存在。或许你会想得到或靠近那样的特质，那么，这些特质就能成为你量表的一部分。

然而，这些特质仍然只应该是你量表中的参考项目——唯有当你喜欢，才去靠近它。每个人的量表都是独一无二的，唯有你说了算。用你的感官、用你的情绪，去感受衡量，这是对的还是错的？这是对我有益的还是无益的？然后慢慢建构出属于你自己的量表。

建立量表是一个认识自己的过程，但建立完后，就要放下它。若是过于紧抓着，要依循这份量表，要做到一丝不苟，量表就会成为你另一个痛苦的来源，因为那就成了我之前说的"贪"。任何一种执着想要得到，都必定会带来痛苦。

年轻的时候，我就是一直在做这样的事，通过人生的经历，不断去建立"我是谁"。等到年纪大了，再渐渐去拆解"我不是谁"。因为到了一定年纪，会想回归到最真实、最简单、最不受拘束、最不受旁人影响的自己。在人生的某个阶段，我们都需要"证明自己是谁"，才能够活下去；然而，到了某个阶段，我们又要学习去放下它，才能够活下去。那个时间点该如何拿捏，每个人都不一样。

于是，在建构完"什么是你"之后，我会建议大家再将这样的你"全部拆解"，而不是受限其中。因为这些都可以是你，也可以不是你。

你可以自由地定义自己和这个世界的关系

《与神对话》这本书里提到一个核心的信息：我们都是神。语言毕竟是局限的，这句话可以被理解为"我们都是神的一部分"，也可以用"我们就是神"的角度来解释。看到这句话时，它深深地震撼了我。

一开始，我会戏谑地开玩笑说："我是神耶！我的世界绕着我转！"后来我才渐渐明白其中的深意，没错，我的世界是绕着我转，因为我的世界是由我建构出来的。在我世界中的所有一切，如果我不将它视为是有意义的，它就一点意义也没有。

我是我的世界的创造者，我创造我的世界、创造与定义我和不同人之间的关系，在这所有的关系中，证明了"我是谁""我不是谁""我是全部""我是1""我也是0"。

如果我不把你我之间的关系当一回事，那么其实，我们就没有任何关系。父母子女的关系也是一样，即使是无法切断的血缘，这世界上仍然有太多不把父母或子女当一回事的亲子关系。就算是开悟的大师，了通世间的运作法则之后，依然可以自由地定义自己和这世界的关系，他可以选择远离尘嚣，也可以选择慈悲入世。

当我们在建构"我是谁"的认知时，很多人会从身份着手，我是谁谁谁的孩子、伴侣或父母。当然，我们可以用身份来定义自己，但也可以不仅限于这些身份标签的定义。我可以扮演某个角色，但那角色不等于我的全部，我是一个主持人，但我不只是一个主持人；我当然是我父亲的女儿，但这个抬头并不是全部的我。

那么，接下来重要的或许是："当我明白我就是我世界的创造者，我选择为自己创造一个什么样的世界？"

第三章

重新与自己联结

3

RECONNECTING

其实，每个人都是有选择的
你是选择用爱来面对，还是选择恐惧

你无法改变终极实相，但可以改变对它的体验。
　　——《与神回家》

　　无论在什么时候，无论生命处于什么境地，其实我们都是有选择的。

　　有一天，我拍了一张照片放上 IG，写着："我选择微笑，我选择感恩，我选择美好的人生。"

　　一个朋友回复我："有选择真好。"

　　我回他："每个人都有选择。你会这么说，只是你选择'相信自己没有选择'。"

　　"我们都有选择"这件事情，也是我在人生中慢慢体会出来的。那个选择，或许不是"我选择长到 180 厘米""我选择成为 NBA 球员""我选择谁谁谁当我的爱人""我选择谁谁谁当我孩子的爸爸"……不是这样的选择。

　　我们都有的选择，是一种内在的选择。

　　外在世界有太多我们无法控制的因素，但我们永远可以控制的，是我们的内心。因此，我很想和大家分享，选择究竟有多么重要。

　　以色列历史学家赫拉利的《人类简史》是一本很有意思的书。

作者通过历史的进程告诉我们,人类是经由什么样的选择而走到今天。当你意识到这件事,就会发现,其实我们每天都在做选择。

你会知道,你不是生来就注定要成为什么样的人,你可以选择自己要成为什么样的人;你可以跳脱别人眼中的既定印象、别人对你的期望,活出一个完全不同的自己。意识到这一点,是非常重要的一件事。

这本书花了很大的篇幅,在谈人类世界的金钱系统、帝国系统、宗教系统是如何形成的。这三大系统对人类社会影响甚巨,也是塑造每一个人价值观的重要关键。然而,当你清楚这三大系统是如何被造就出来,就会清楚明白,为什么自己是有选择的。

帝国是怎么形成的?为什么我们会有国家的认同?为什么一个地方原本属于这个国家,后来又成为其他国家的领土?所以人民是有选择的吗?

为什么一个人出生在某一个信仰的家庭,却在长大后进入其他的宗教,或是有了婚姻之后,又随着伴侣进入某一种信仰?信仰难道不是应该从一而终、深入骨子的吗?难道不是应该有一个唯一的真神、永恒不变的吗?

金钱也是一样,它就是一种社会契约下的物品。为什么我们会觉得钱很重要?那是因为全世界的人都相信它很重要,相信金钱可以换得自己想要的所有东西。是这样的信任体系,让我们深信钱很重要。如果任何人决定,自己不再参与这样的游戏规则,那么钱"对他来说"也可以瞬间变得一文不值,因为自己的世界是由自己定义的。

《人类简史》这本书让我明白，其实我们都是有选择的。也因此，我们必须慎选自己的所有选择。

你可以"选择"要活在一个什么样的世界

你要相信什么？你要依赖什么？你要说什么？你要决定什么？

每一个选择，都定义着你的生命，决定你要活在一个什么样的世界。

你永远可以选择的，是自己的态度，而做出自己的选择，又分成两个阶段，先是破除"我没有选择"的信念，再来面对"我是有选择"的现况。

以工作来说，或许有些人觉得："我没有选择，我就是只能做这样的工作。"是的，或许为了生存，你只能做这份工作。但是，你用什么样的态度做这份工作，是你可以选择的。

你是用喜悦的态度做自己的工作吗？你是为老板工作还是为自己工作？你觉得自己对世界正带来帮助，带着使命感在做这份工作吗？你能感觉自己即使只是帮助了一个人、一棵树或一只小虫，都是在为世界带来贡献，还是，你是不得不卡在这里成为一个被时薪定义的人？

光是这样的信念差异，就足以决定你活在一个什么样的世界。

你是活在一个痛苦不堪、苦苦相逼的世界，充满无力感，还是活在充满喜悦和动力的世界里，相信自己生命每刻都有不同的可能性？

你是选择用爱来面对,还是选择恐惧

萨古鲁曾说过:"天堂和地狱是一种内心的状态。当你感到快乐,那就是天堂;当你不断放大悲伤和痛苦,那就是地狱。当你心甘情愿去做某件事,那就是你的天堂;你在做一些不情愿的事,那就是你的地狱。"

也就是说,当你选择某一种信念,你可以立刻活在天堂;当你选择另一种信念,即使尚未死去,也可能置身地狱。

我曾经访问过一位艺术家,他是天主教徒,也是一位"同志"。在他创作之余,花了非常多的时间,为内心的冲突与挣扎,寻求宗教上的解答。他不断询问自己信赖的神职人员:"我有罪吗?我会下地狱吗?"

访问中途,我忍不住跟他说:"没有地狱这回事。当你相信有地狱,就等于你每天都活在地狱里……因为那份恐惧,就是你的地狱。你选择活在恐惧里,而不是活在喜悦中、活在爱里,这样的恐惧,就会让你如同身在地狱。"

2020年的新冠病毒疫情也是一样。这个划时代的全球疫情,究竟教会我们什么?最显而易见的,就是选择。你是选择用爱来面对,还是选择恐惧?

如果是恐惧,你会一直活在担忧里,担心自己生病、担心卫生纸不够用、担心未来没有饭吃……我会不会失去生命中重要的东西?我会失业吗?失去健康?失去所爱?失去自由?所有的恐惧会蜂拥而至,将人淹没。

如果是爱,或许你会开始问问自己,我有没有足够地爱我的身体?我的身体有足够的能力抵御病毒吗?我有没有维持良好的能量、吃够健康的食物、多晒太阳,让身体维持强健的免疫力，即使病毒靠近也无须担忧？我有没有带着感谢的心，因为身在一个相对安全的地方而感恩，感谢这个地球承载着我的生命，同时我也将同等的能量回馈给这世界？

只要每一次做选择的时候，都选择靠近爱的频率，那么我们就能时时活在爱里，而不是被恐惧侵袭，你我都是有选择的。每一个当下，我们都在做选择。

你紧抓不放的是什么
放下"如果不……就会……"的想法

《少年派的奇幻漂流》是我很喜欢的一部电影。在拍成电影之前,我就看过小说。还记得,当时我并没有看得很明白,只觉得这书写得好有深意,似乎在传达什么,但我并不完全理解其中的奥义。上片后,在电影院的我看得泪流满面。一方面是,画面中的海美得令人屏息,另一方面是,故事里"没能好好说再见"的信息,让我非常触动。

生命中许多未能好好说再见的相遇,总是在心底留下遗憾。

电影中,当主角派和理查德·帕克(孟加拉国虎)好不容易漂流到墨西哥海岸,理查德·帕克便头也不回地消失在森林中。没能好好道别的派,感到非常失落。在我生命中,也有许多曾经停驻、带来影响,却没有机会让我好好说再见的人,甚至连谢谢都没能好好地表达,那一直是我心中很大的遗憾。我一直以为这部电影是因为要告诉我这件事,才为我带来这么深的触动。

直到看完电影一年后,我去了夏威夷。当时我在一个悬崖边,眼前是一望无际的大海和绝美的落日。看着眼前的海,我突然想起少年派。许多看过电影的人,会执着于讨论理查德·帕克究竟是否真实存在。但那一刻我才突然明白,这故事还想告诉我的是,无论理查德·帕克是不是真实存在,我们在生命中,经常都紧紧抓着理查德·帕克不放，因为要抓着它不放，才能好好活下去。

故事里的老虎只是一个象征。在生命中，我们紧紧抓着的，可能是某个信念、某个信仰、赖以生存的勇气、家人、爱人或孩子……那些你紧抓不放的，都是你的理查德·帕克。

想想看，要是只有自己一个人在海上漂流，可能在遇到困难时，我们都很容易放弃。但如果有另一个对象，或是另一个目标，同时存在于你我生命当中，有时我们就会有了坚持下去的理由，也有了活下去的意义。就好像对于一般人来说，一头老虎的故事太过虚幻，换成一个会杀人的厨师好像比较能理解，那都是价值观与信念使然。但那一刻我明白，老虎是不是真的存在并不重要，重要的是，如果我们需要紧抓着什么才能活下来，那我紧抓着的是什么？

或许是金钱，或许是亲情、爱情，甚至是灵性修行。但是，如果这些你所紧抓的，都不存在了呢？如果你是一个独自在海上漂流的人……那你还能活下去吗？

每个人都怀揣着什么，才能在人生路上继续向前走，我也是这样过来的。因此，这些问题不是指责，而是内省的探问，我选择紧抓的是什么？它对我的生命有意义吗？我是否选择抓住那些让我更好、更开朗的，还是选择紧抓理查德·帕克，一头不断侵蚀我的猛兽，它只会频频引发我的恐惧？

我们生命中的选择，经常是别人告诉我们的。比方说，别人会说："你要认真读书，不然会找不到好工作……然后你才能存到钱、买到好的房子、成家、立业、生子，直到退休、死去……"我们经常紧抓着别人所说的生命途径，让这样的理查德·帕克陪伴一生，却没有仔细去想：这真的是我要的吗？

如果我有选择（其实有啊），这真的是我要的吗？

当别人诉说着自己认定的真理，我是否想过，对方认定的真理，里面更多的是恐惧，还是爱？"如果不……就会……"像这样的想法，经常带着很多的恐惧。

于是，在我接触不同的宗教与大师言论，甚至是一般家常的话，我经常会用这样的方式去检视对方的频率，你带给我的是什么？你是否劝人为善？或者能带给我正能量、动能，让我成为更好的自己？还是，你是告诉我"没有你我不行""不这么做就会有坏事发生"，让我产生更多的恐惧，以及对权威力量的依赖？

而后，就是自己的选择了。

你选择了什么样的信念？你选择紧抓着什么样的价值观？你选择相信金钱是万能的？邪恶的？或者它是一个中性的存在？那将决定你的生活方式。

如果我们需要紧抓着什么才能活下来，
那你紧抓着的是什么？

当我们选择把注意力完全放在外界，就会忘了"向内看"

每一天，我们都在做出无数的选择。心情不好的时候，你选择怎么应对呢？是用食物填满空虚、带来抚慰，或是通过运动释放自己、进入大自然转换心情？

一早起来，你选择用什么滋养你的身体呢？你选择的食物，为身体带来什么样的感觉？是轻盈，还是有负担？是舒畅，还是沉重？吃消夜后，它改善了你的心情吗？那么，隔天你身体的感觉是舒服的吗？身体每天都在给我们回应，只是我们是否注意聆听。

聆听之后，你想做出什么样的选择？

就说炸鸡排好了。有一间炸鸡排，我特别喜欢去吃，每次吃的时候都觉得，实在太开心了！真是好吃！然而，到了隔天可能我会发现，我的嘴角破皮了、嘴巴特别苦，因为火气大了。昨晚我可能睡得不好，第二天的排便也变得不顺……这就是我的身体在告诉我，吃到鸡排那几分钟的快乐，可能是要花两三天的代价才能恢复。

喝酒也是一样。我如果前一天酒喝多了，晚上就会睡不好。半夜一直醒来，口很渴，但喝了水又得跑厕所。早上起床觉得又累又昏沉，照镜子的时候看见自己的黑眼圈，我会扪心自问："这一切真的值得吗？"当然，在某些特别的时刻，把酒言欢的快乐是无法取代的。但是，其他时候呢？我真的需要这样消耗我的身体吗？

或者，在遇到情绪时，我也可以选择无止境的生气。但如果对方并不知道或不在乎我在生气，那么难受的不是只有我自己吗？如果这一切关乎的只有我自己，那么我是否该为自己想一想，我要如何去应对或处理这腔怒火？怎么做才是能让我更快乐、更舒服的呢？

当我选择了某种生活模式，内心明明感觉空虚、不快乐，却又仿佛无力改变它，或许我需要的是更深入地看看，我为什么无法改变它？我在害怕的是什么？或许我需要通过自我对话，更深入地去了解这份害怕，而后再进一步思考，我能对这个害怕做什么。或是什么也不做，只是静静地看着它来，看着它走。

每一个有意识的选择像是一种生命的练习，没有绝对的正确答案，也绝对不是别人说了算。然而，一次次的练习，会带来一次次的体验。当我们通过经历生命、仔细观察选择为自己带来的长期、短期影响，自己的想法也会随着时间愈来愈清晰。而当我们更清楚自己看重的优先顺序，就能为自己做出更多更好的选择。

如果生命是由外在世界和内心世界所构成，我们时时可以选择，将注意力放在外在世界，或是内心世界。当我们选择把注意力完全放在外界，就会忘了"向内看"。

曾经，我觉得外界的事情是最重要的。我的家人、我的朋友、我的行程、我手上正忙的事情……都很重要。我不想去想我的问题到底出在哪里，我不敢去探究，我没有勇气面对，于是通过把自己埋进外在世界里，去逃避这一切，但这样的选择只是为我带来更多的焦虑。于是我决定为我的人生做出改变。

你呢？你有意识地为你的人生做出每一个选择吗？

在情绪里，有什么是我要学习的
被偷拍的愤怒

你无法平息海浪，但可以学会冲浪。
——《踏上心灵幽径》

有天，我从河滨公园骑自行车到大直桥。大直桥下有个划船中心，那是接近端午划龙舟的日子，很多人在附近集合。划船中心附近的岸上，有个小小的滑水道，一般民众只要在水道上划桨，不用实际乘船，也能体验划船的感觉。我一边喝水休息，一边看着人们体验划船，觉得很有意思。

正当我准备继续上路的时候，我看见旁边有人对着我的方向拍照。我马上躲到一台车子后面，下意识地避开镜头。即使我经常遇到这样的情况，对我来说，未经同意的拍摄还是很不礼貌的事。当下，我感觉自己被冒犯了。我在车子后方等了30秒，心想，这样对方应该知道了，我并没有想被拍照。没想到，当我走出来，他又拿起了手机，朝我的方向继续拍照。

看见这一幕，我简直怒不可遏。我直直走过去，问他："先生，有事吗？有什么问题吗！"这个穿着保安制服，像工作人员的先生看着我说："喔……没有，我在拍后面的人划船。我要上传这些照片。"

听见这样的回答，我顿时语塞。他都这样说了，我也只能不了了之。但在回家的路上，我却越骑越生气。

"我刚刚为什么不问个清楚！为什么没有要求看看他拍的照片！万一那是不雅的偷拍照片，难道我不应该为自己站出来吗！我为什么没有问？"我越想越气，内心忿忿难平。要是我问了，就算是误会，也可以迅速放下；如果他说谎，我至少可以讨个公道，请他删掉照片……可是，我已经错过这个机会了！

我一边骑着，内心翻搅着愤恨与懊悔，同时又犹豫是不是该回头处理这件事……突然间我发现，这股愤怒的情绪，仿佛在我胸口形成一个非常大的团块。

当我意识到这一点，我对自己说："曾宝仪，有愤怒喔！来看一下要怎么处理它。"这些年来，我的学习教会我，首先，不要压抑。于是我开始死命地骑，骑出前所未有的速度！我飞快地前进，用我的身体把愤怒化为动能。

同时，我也开始问我自己："这个愤怒来自哪里？是你犯错了吗？"我仔细回想当时的情境，发现我没有犯错。无论我后来有没有跟对方问个清楚，对于这件事情的发生，我并没有错，我只是"在那里"而已。另一方面我也会想，你在气他的同时，是不是也在气自己？如果只是你自己神经过敏自以为是，误会别人真的很糟糕耶！

没错，愤怒来的时候，我的心乱糟糟啊！

而后，我进一步照见了内心的两件事。

第一件事情是，因为我过去有被偷拍的不愉快经验，于是，当类似的事情发生时，我很容易会联结到那些不愉快的回忆。这是为什么我的愤怒会这么迅速又猛烈地升起。那是因为过去的不愉快，在我内心还有尚未处理完的部分。

第二件事情是，如果这不是我的错，为什么我要把这件事情放在心上？或许对方事后根本毫不在乎，我却一直抓着这份情绪不放。我为什么要拿这件事情惩罚我自己呢？我并没有做错任何事呀！

当明白这两件事，我就渐渐能和这股愤怒的感觉脱离了。我能感觉到，愤怒的程度一点一点在下降。慢慢地，它就消失了。当然，这一切是同步的，我一边用身体骑着车，一边在脑中通过这样的问答去厘清自己的思绪。情绪同时在这两个层次进行释放。

在这过程中，我并没有忽视自己的情绪，也没有指责自己不应该生气。生气就是生气，它是真实的存在，而我需要看的是——"我为什么生气"。这份生气里，还有什么东西是我要学习的？

这个生气的经验有很多层面，当我一点一点拆解之后，我发现无论是身体或头脑的情绪反应，就一点一点消失了。这对我来说是一个非常好的体验，因为我通过自己的觉察，见证了这份情绪的消失。于是我知道，只要我用对方法，不舒服的情绪就能不见。

然而，这也是一种选择。

从这个经验里，我明白我可以选择继续生气，也可以选择去处理我的愤怒，而不是让这愤怒的感觉折磨我。在我们身上，许多来自过去的旧有记忆、伤痛或不舒服，都已经处理不完了，我不想让新的不愉快再继续堆叠，所以，我选择当下就处理。

当我做出这个选择，着手处理这份情绪，大概 10 分钟它就消失了。船过水无痕——船经过了，引起波澜，但不留下痕迹。我知道只要我如实去觉察、去照见，生命中的每一件事，都可以船过水无痕。

不先预设立场，停止幻想出来的心魔

你也可以试着旁观自己的愤怒。2017 年我参加了一个旅行团去美国的圣地夏斯塔山，飞机才刚降落美国，我就被同行初认识的一位团友放鸽子。放鸽子是我的大忌啊！说好在哪集合结果不守承诺自顾自地自行离开先去饭店，这是人做的事情吗？我被不可遏抑的愤怒炸到飞起，一面拎着行李去搭接驳车，一面用我的手机留话给在地球另一端的男友发泄我的怒气。事后等我平静下来，回头听那些留言，不是我要说，真的很好笑的。原来我的怒气长这样，原来我生气时说出来的话这么幼稚。我除了重复说一些毫无创意的脏话外，那里面什么东西什么建设性都没有。

之后当愤怒升起时，（如果我记得的话）我都会选择让自己退到一旁，看看我说出来的话会长什么样，常常进行这样练习，你会发现，原来你不是愤怒，愤怒并不等于你，你可以退到一旁看着这个叫"愤怒"的东西来，看着这个叫"愤怒"的东西走。

关于选择还有另外一个故事，2015 年，我做了一个节目叫作《极速前进》，那是中国版的 *The Amazing Race*。在节目中，我们两两一组，到世界各地进行身体上的极限挑战。节目的来宾有夫妻档、情侣档、好朋友……而我是和爸爸一组，以父女档的身份参加。也因为这个节目，让我面对了许多和爸爸之间的关系。

我永远不会忘记的是，有一次，我们去到澳大利亚野生公园，节目组安排了恐怖箱的桥段，让嘉宾进行挑战。箱子里有各种恐怖的生物，例如蜘蛛、蜥蜴、蛇或爬虫类……而挑战者必须将头由下往上从箱子底部伸进去，用嘴将吊挂在箱子上方的纸

条取出，才能得到下一步的挑战线索。

我和爸爸分配到的箱子是蜥蜴。看着恐怖箱，那画面实在太挑战，于是基于"孝道""有事弟子服其劳"的观念，我自告奋勇来闯这一关。箱子里的那几只蜥蜴个头很大，当我把头伸进去时，它们就在非常靠近我的地方。即便如此，当我把头伸进去时，我的脑中一点蜥蜴的影子也没有。因为当时，我整个脑袋里想的只有，要是不赶快完成这个任务，我会让爸爸失望。

对我来说，那天的经历是生命中意义深远的一堂课。首先，我发现原来全世界对我来说最大的恐惧，是让爸爸失望。其次，我发现原来恐惧是可以被取代的！原来眼前所见的恐惧不是最可怕的，存在于脑中的恐惧才是最可怕的。

比方说，今天就算有鬼飘到你面前，你也可以选择是吓得屁滚尿流，还是问问有没有哪里需要帮忙。一切都是可以选择的！原来，我们可以决定要把什么放入自己的脑中，而且当我们在脑中放了这件事，另一件事就可能因为被取代而消失不见。

所以，为什么我重复强调选择很重要呢？因为当你选择爱，恐惧就没有能进来的空间；同样地，当你选择恐惧，爱也就没有立足之地了。

回到恐怖箱的例子。当我发现自己是如此害怕让爸爸失望，我所做的是，意识到自己需要慢慢去处理这个恐惧，以及更多地去看看这个恐惧，我真的很害怕让爸爸失望吗？我为什么这么想？让他失望有不好吗？还是只是"我以为"自己会让他失望，其实爸爸并没有这样的预设立场？一切都是我的想象？

这样分辨的过程，也是在厘清我该在脑中放入什么——什么才是真实的，什么其实是我幻想出来的心魔。

又像是，假如我要上台演讲，我可以选择在脑中放入"我搞砸了"的画面，也可以选择放入"博得满堂彩"的画面；我还可以选择在脑中不断演练演讲内容，让脑袋里没有一丝空间，去装下任何负面的想法、紧张或恐惧。

慎选阅读的内容

同理可见，慎选自己读的书与文章，也很重要。（唉，毕竟大师不是天天能见到嘛！）

每一个作家在撰写著作的时候，都是将自身的能量灌注在书的文字里面。因此，当你选择了一本书，也就等于选择与这份能量同在。当我们经常向某种能量靠近的时候，自己会更趋向那样的能量。因此，我们都该慎选每一本读物，慎选收看的节目，慎选阅读的网络文章。

如果经常接触满是仇恨的文章，要保持在爱的频率会变得困难。因为我们每天接触的内容，就像是一种无形的洗脑。假如有一种算法，能统计我们最常输入的"字"，那么你最常输入的字会是什么？是爱、是恨？

你也可以在心中自建一个算法，回想一下，在你平时接触的内容当中，最常出现的字是什么字？你最常接触的能量，是什么能量？其中最常传达的态度，是关于爱还是恐惧？还是恨，或是非黑即白、逆我者亡的分化与对立呢？

你选择输入什么，你就会成为什么。

西方有句谚语："食物造就你。"（You are what you eat.）其实，我们脑中的念头、我们说出口的话，也都造就了我们，决定我们成为什么样的人。你用什么东西喂养自己？无论是真正的食物，或无形的精神食粮，都将决定我们的身体与心灵样貌。

所以，请慎选你靠近的能量、慎选你的阅读，当然，也要慎选你的老师。

慎选你追随的人

我很喜欢一部韩剧，叫作《机智的监狱生活》。剧中有个叫作安东浩的配角，每次出场的时候，都是一副凶神恶煞的坏人样。开场前几集，安东浩听了他老大的指示刺伤了男主角，因此被转调到其他单位。本以为两人就此相安无事，没想到没过多久，安东浩竟又住到男主角的同一牢房中。

两个冤家再度聚头，谁也不给谁好脸色看。正当周围的人担心着，安东浩是否会再次对男主角不利，身为棒球投手并在狱中继续练习的男主角，开口邀请安东浩担任自己练习的捕手："我的球速不是谁都能接，你很能打，臂力很好，来当我的捕手吧！"

安东浩一开始带着防备，以为自己要被借故报复，但一次次相处互动过后，他发现，男主角并非心怀怨恨，而是真的把他当成练球的伙伴。同时，安东浩也明白了自己的价值，发现自己是有用而且受到尊重的……于是，他离开了原本追随的老大，转而来到男主角身边。

安东浩还是安东浩，但当他跟随不同的老大，人生就走向不同的道路。他可以选择继续伤害别人，也可以选择成为有用的捕手，帮助投手拥有更佳的表现。当他明白自己的价值，当他感受到自己是被尊重的，他就能找到活在世界上的信心。

所以，选择真的很重要。我们都是有选择的，请务必慎选你的每一个选择。

想要得到什么，先让自己成为什么
向外求，不如向内找寻

很多时候，当我们心中有所渴望，第一个反应都会觉得，要从外在世界去寻求。例如，当我们想得到关注、当我们想得到爱，我们经常会以为，那是唯有外在世界能给我们的。然而，事实是，当我们想得到关注、想得到爱，方法无非要先从自己关注自己、自己爱自己来做起。

当你想要他人关注你，不妨思考，你有好好关注过自己吗？你有好好看过自己吗？你有真正用心地关照过自己的内心吗？你想得到的关注只是关于外貌吗？或者你希望他人关注的是全部的你？

想得到什么样的关注，就先从关注那样的自己开始。

关注自己的外在，是让自己保持干净、清爽、健康，而关注自己的内在，其实也是让自己的内心保持干净、清爽、健康！你可以试着自问：我快乐吗？假如你想得到的是快乐，那么，你有让自己快乐吗？如果快乐能让别人关注你，那么你有先成为那样快乐的自己吗？有意思的是，如果你就能让自己快乐，那别人关不关注你又有什么关系呢？

外在世界美好的发生当然能让人感到快乐，但我渐渐明白，真正的、持久的快乐，从来都是来自内心。好吃的美食、温暖的安慰，当然都会让我感到快乐，但如果我能时时保持在一个愉悦的频率，就算没有人来给我安慰、没有吃到超级美味的食物，我也可以是快乐的。

想得到爱，必须先成为爱，当你想要进入关系、想和某人在一起，可曾想过，那是因为你想要被爱，还是因为你真的爱着对方？

很多时候，关系中的争执与冲突都是来自："我爱他，他为什么不爱我？"然而如果因为另一方不爱自己，就做出伤害对方的事，那还算是真正的爱吗？还是，其实从来就只是自己想要"得到"某种爱，并且以为，那样的爱就是一切的解答……只要得到，就能得救？

我们口口声声挂在嘴边的爱，究竟是什么呢？

一个人如果真的爱着另一个人，不会做出不符合对方意愿的事。父母对孩子的爱也是一样。基本的爱的表现当然包括陪伴、照料、养育等……然而，真正本质性的爱，应该是一种"让一切事物为之所是"的尊重、理解和接纳，甚至是发自内心真正欣赏事物原本的样子。

你想要得到的爱，是一种什么样的爱呢？

对我来说，最棒的爱，是让我能够全然做我自己。无论我变成什么样子，始终不离不弃。那么，我有赋予别人同等的爱吗？当我想得到这样的爱，我有同等地去给出这样的爱吗？

比方说，我是否对我的伴侣提供了同等的支持？假使他遭遇极端的困境，我是否能做到不离不弃？如果我没有给予他同等的支持，怎么能要求他在我遭遇极端困境时，提供同样的支持呢？我怎么能只是想要别人爱我多一点？如果我没有给予对方足够的自由,又怎么能要求对方给我这样的自由?

我们口口声声说自己付出很多爱,但要是那份爱中有控制、有恐惧,经常如此,我们就会发现,对方似乎很怕我、不听我的话。那是因为,付出的爱里带着控制、带着恐惧,而接收的人其实都明白。于是当然,你就不会得到你想象中爱的回应。

我们经常把问题丢给外界——为什么我总是得不到我想要的?我们顾着指责、检讨别人,却忘记回头看看自己,我付出的,真的是我以为的爱吗?我付出的,是对方真正想要的吗?

人生都是互相的。牛顿三大定律中的作用力与反作用力,运用在人生中也是畅行无阻。所有的能量都是一样:"付出什么,就会收到什么。"

举个例子,我曾经担任台新艺术奖的主持人,在典礼之前,我把所有入围的表演都看了一遍。其中几部作品实在让我欣赏不已,典礼当天,光是想到能够见到艺术家本人,就让我无比兴奋又期待。想当然,见面时,我也难掩对作品的赞赏之情,见面时我很自然地就这样将观赏时的感动全盘托出。

当我让这样欣赏的能量自然流动出去,他人在谈话中对我流露的语言与情感,也会变得同样自然、不生疏。于是,整个颁奖典礼就成为像是自家人一样轻松、亲近的场合。而当这样的氛围建立起来,很自然地,那天我也收到许多人发自内心给我的肯定与称赞。因为在那样的流动里面,相互之间的欣赏是不需要隐藏,是可以很自然表达出来的。

我们下的所有功夫,都不会是白费的。或许我是为了尽好主持人的责任,而去观赏所有入围者的作品,我以为我是在为他人服务,但其实,典礼结束后,我收到满满的正面能量。我真实表达自己对入围者的欣赏,也真实感受到对方对我的肯定,那样愉快饱满的心情,甚至持续了好几天。

如果能把自己的工作,变成一件无比美好的事情,为什么不这么做呢?但如果,我一开始没有向外发散这样的信息,没有营造出这样的氛围,别人也不会知道其实可以这样敞开地对待我。

称赞不是行礼如仪的言语肯定,而是一种心与心之间的碰触——我真的看见了你的好、你触动到我的某一个部分。接收到来自我心的信息,对方也能以同样的心回应我:"谢谢宝仪姐的肯定,我会更努力,明年要再来!""谢谢宝仪姐,其实我对我的作品也有很多不确定的地方,但感动到你我真的很开心!""宝仪姐你有看喔?我好开心喔!"

我的生命给我机会,让我去实践我的学习。而我把它如实地活出来,就是在告诉世人,我的学习对我来说是真实有用的。

想要得到称赞吗?先去称赞别人吧。想得到爱吗?先成为爱吧。而后你会发现,这所有一切其实根本无须外求。因为到时,连你自己都会忍不住开始肯定自己、爱自己。

每天早上起床,看着镜子里即使蓬头垢面的自己,我总是发自内心的喜欢与微笑。"我要成为今天第一个对我自己微笑的人。"当我开始对我自己微笑,我就能带着那样的美好去给这世界微笑,而世界也会以同样的微笑回应我,屡试不爽。

good MORNING!

先让自己成为那份价值

同理,想要得到很好的工作,你可以先为心目中那份很好的工作做好准备。当机会来到你面前,你真的有能力去接下、去承担,有信心好好表现吗?或者,在你现有的工作当中,你有尽力发挥出你的价值,为这份工作带来加乘的效果吗?

在工作中,你是加减乘除的哪一个符号呢?

想成为哪一个符号,你得先做出选择。

就算不能立刻成为加号或乘号,至少你可以选择不要成为减号或除号。如果你之于心中想要的工作是减号或除号,就算工作真的来到你面前,你也不可能做得长久。

所以,重点不是如何吸引到好的工作,而是:你真的准备好了吗?

工作来的时候,你能做得长久吗?你能感觉自己配得上这份工作吗?身在其中的你会快乐吗?它能让你发挥自己的价值,甚至通过你的价值,为工作带来加乘吗?

如果你希望得到的,是一份自己独特的价值被看见的工作,那么,不妨先去看见自己的价值。你真的知道自己独特的价值是什么吗?你说的每一句话,你的每一个行动,你做的每一个人生决定,都代表着自己的价值。看见自己、准备自己,就相当于为自己储值,如果从来不储值,储蓄卡怎么刷,都只是零。

要得到外在世界的回应,得先回到自己的内在。所以,想获得一份好的工作,先让自己配得起那样的工作;想要得到好的酬劳,先让自己配得上那样好的酬劳。先让自己成为那样的价值,看得见这份价值的机会,就会找上你。

很多人的愿望都是:心想事成。但有时候,我们真的不知道自己想要的是什么。我们可能会错把别人要的，当成是自己想要的，当那东西真的来到面前，才发现不是自己真正想要的。

所以，所有对外的要求，不管是向宇宙下订单、许愿、求签拜佛，出发点都还是必须回到自己的内心，你真正想要的是什么？

比如说，很多时候我们以为自己想要一份肯定，但事实上，为了得到那份肯定，需要牺牲很多，到了最后才发现，其实也没有那么值得、那么想要。又或者，很多人牺牲健康拼命累积财富，最后赚得的钱也只是用来买药，才发现，原来健康是最重要、最需要被重视的。那么，为什么要等到失去了健康，才看见健康的重要性呢？

早一点想清楚，能避免自己浪费时间在错的事情上。先去了解"你是谁"，厘清自己真正的想要，在可能的得与失之间做出权衡与选择。每一个人都是不同的个体，别人的价值观，不一定适合套用在你身上。别人的标准答案，也不会是你的答案，因为每个人都有自己独一无二的人生试卷。

你有在自己的人生试卷上诚实作答吗？

你有为成为真正的自己努力过吗？

或许试卷上只有一句话："什么是真正的自己啊？"

当下就能改变，你随时可以砍掉重练
与母亲的和解

很多人都把所谓的"修行"搞错了，时常认为一个修行人不应该生气。

但其实不是的，正因为你是个修行人，你能够更清楚地看见：

一、你能够让情绪如实地呈现。你"允许"它如实地呈现。

二、你能够更清楚地照见所有情绪背后想要带给你的信息和意义。

三、你不需要被这个情绪困住，你是自由来去的，而你会意识到情绪只是一种提醒，并不等于你。

有个周末，我要跟我妈去参加一个慈善活动，那个活动是几个月前的邀约，主办方分别与我和我妈联系。

活动是在周六早上，前一晚我在朋友家吃饭，对方发来一个信息说："宝仪，我把明日的流程传给你，明天的开场，就是你跟你妈先上来主持。"这个时候我突然间感到很不开心，因为没有人与我提及任何主持的事情。我是一个非常认真看待工作的人，虽然有可能大家觉得主持是一件很小的事情，只是上台说个话而已，但对我来说从来不是。

如果你要我主持，我会想要知道主办方活动的来龙去脉，像是为什么你在这里？为什么你筹到了这笔钱？你经过了多少人的帮助？现场会有什么来宾？什么时候拍照？什么时候介绍什么？我要知道所有的流程。

主办方直接发信息来的时候，我整个人都爆炸了。

我尽快调整心情告诉自己"没关系，可能他并不知道我对这件事情的执着"，然后我跟他说"我不知道我要主持，我以为我只需要给祝福就好了，要不然我明天就在台下跟大家打个招呼表示支持。下次如果你需要我主持的话，请提早告诉我，我一定会帮这个忙"，然后他说哦，好…好…好，我知道了，谢谢宝仪"。

吃完晚饭后，我想因为明天是我跟我妈一起去，我就先问了我妈"我明天几点接你"，她说"九点"，接着我将刚刚的插曲与她道来，"明天的活动，对方突然发一个流程过来，居然要我主持"。没想到我妈回我一个他们之前的对话框，意思是其实对方早就有邀请我们主持，而我妈也答应了，但是没有人跟我说这件事！

我妈下面还说"我以为主持对我女儿来说是件很小的事情"，这句完全戳中我的死穴，完全踩在我的底线上。她接着回道，"看来我们母女俩真的不太熟，哈哈"。我也硬是回道，"是啊，呵呵"。

信息背后，其实我已经快要爆炸了，因为那些曾经所有误以为没关系但其实有关系的事情，那些"我是为你好，所以你应该听我的……"的回忆全都回来了。

所以当我妈"又"觉得这件事情"没什么"，甚至擅自帮我决定某些事情的时候，这就成为我人生的大雷点。你的"没什么"就是我的"有什么"啊，然后那些以前没处理好的情绪，就会像叠叠乐一样，一层一层往上叠加。

但不知道为什么这次我就是觉得有点不一样，我似乎已经找到那块只要抽出来，整层叠叠乐就会崩塌的积木了。

第二天，我想说好，我要处理这件事。可是怎么处理我还没想好，因为我很生气（哈哈）。

隔天早上9点，我如计划出发，接了我妈上车，很明显，我们两个都避而不谈昨天发生的事，只讲一些不着边际的五四三。

因为我们也知道待会我们要去见人，我们都是很要面子的人，"见人"这件事情对我们来说很重要，所以我们先把"见人"这件事情处理了。

到了现场我看了一下那个场地，心想就硬着头皮帮忙主持吧，后来我也把事情做得漂漂亮亮的，顺利地结束了。

活动结束后，我开车送我妈回去，一面开，我一面想说："好，我要解决这件事情！"

可是我如果立刻就开口讲的话，这一整趟车程恐怕我俩都会非常难过，所以我决定要在过桥之后，还剩下的大概15分钟车程内，才面对这件事。

过了桥，我对我妈说："我必须要跟你说，我昨天非常生气！"然后我就开始跟她说为什么我很生气、为什么这件事情踩到我的底线，然后我看得出来，我妈也生气了。

其实很明显，我们两个都各自累积了对彼此的愤怒，只是我们两个都选择粉饰太平，没有戳破。我觉得这就是母女间的相爱相杀，又很奇妙的某种关系，我们如此相像，也如此相恨；

她觉得我不像她心目中一百分的女儿，我也觉得你真的很不像一个妈妈。

这种相爱相杀，其实在几十年来都不断地重复上演。我们有时候非常好，有时候很糟，我们好的时候手牵手，可以做很多、很多事情，无所不谈，同仇敌忾，就像一般母女一样。

不好的时候，我们可以一个月都不讲话，即使我们都住在附近，但我们还是可以一个月都不讲话，不知道对方在干啥，也不联络。

所以在这些年，我也学会告诉自己说："曾宝仪，其实你没有必要硬让你们成为电视剧里面的母女。"因为每一个家人的关系，都有他们自己缘分的深浅。

而我很清楚地知道，我跟我父母的缘分就是比较淡。我们毕竟没有一起成长，没有了这个基础，你们就是不会称兄道弟、不会勾肩搭背，不会指着鼻子把实话说出来。

就是会有那么一点点的生疏，我明白这种生疏跟客气，以及自以为是的尊重，跟从小就一起到大，今天吵完架明天就和好的家人，是完全不一样。

但我也告诉我自己说，这就是我们的缘分啊，我不强求。所以在车上的时候，我很清楚地知道，她一肚子火，我也一肚子火，不过我告诉自己，我还是要把我的一肚子火给表达清楚，于是我就列点说明为什么我气到快要爆炸。

我讲完后，换我妈列点说明她为什么生气，然后讲着讲着我妈有点累了，那个时候我突然意识到一件事情——"就是现在"我要解决我跟我妈的问题，全部的问题！

我跟我妈说："妈，你是我妈，我真的很爱你，我想跟你说，

第三章　重新与自己联结　149

从今天开始,我要把所有曾经对你的不满、愤怒全部全部放下,一笔勾销。如果之后我说的任何一句话里有抱怨关于你的事情,都只是因为我想要告诉你曾经发生过这件事,但我不会再怀有任何的不悦。"

"从今天开始,我要对你说实话、我要对你说真话,所以我也不要再猜你的想法了,我一有想法,就会直接告诉你。请你也不要猜了。"

任何人心里都不要有疙瘩,你不要觉得你为我牺牲,因为我根本不知道。然后我还要为了我根本不知道的事情,背负你对我的责怪……这就是沟通不良。

我说:"从今天开始有任何不爽都直接说,也不要猜,我也丢掉所有所有曾经有过的不爽,我们重生!"我真的直接跟我妈说今天就是我们的重生日!

原本想 15 分钟快速解决的计划,结果我们在她家楼下聊了 1 小时!

那天回去之后我整个人超清爽,所有我之后跟她说的每一句话,我们留的每一个言,我心里没有任何疙瘩和借口,没有任何的担心或疑虑,因为我知道我们就是一个新的关系,我们就是一个重修旧好的母女关系。有任何负面情绪,当下直接解决,船过水无痕。

当你心里有疙瘩时,比方我妈只是在聊天室写一句话,以前就会觉得她肯定是心里有鬼,现在就是"没事啊,亲一个"。

所以大家就会很惊讶我们到底发生什么事了,可事实上,她打的字也没变,我打的字也没变,可是因为心里没那个疙瘩了,所以很多事情就是云淡风轻,完全是不同的解读跟情绪。

你自己心里面没有情绪的时候,你解读别人的情绪也会不一样。比方说以前她打任何信息,我就会自动套上一个滤镜,想说又来事儿了。滤镜被拿掉之后,就不会有那么多内心小剧场,我不会过度解读任何中性的字句,自然,这个已经上演了几十年的戏码,也就正式下台一鞠躬了。

后来我们家人在聊天时候说:"嗨,你最近很受宠呀,你妈都理你啊!"

我说"对,因为我们和好了",然后大家一听都很惊讶说:"发生什么事了?"

我说:"没有,从今天开始,我俩重生了。"

他们听了之后都说:"啊,再过几天你们又会吵架了!"可是我心里很清楚地知道,这段关系就是不一样了。

我家人又问我说:"你觉得不一样,那她也会觉得不一样吗?"

我说:"不管她有没有觉得不一样,我觉得不一样就好,这对我的人生来说,就是一个非常大的助力,而且是一个非常大的祝福跟解脱。"

这是真的!当我打下这段文字的时候,我观察我心里对我妈的感觉,我发现那里面只有爱与感激。我谢谢她当年勇敢地把我生下来,让我有机会体验这个美好的世界。我全心全意地爱着她没有任何理由,只是因为她是她,即使偶尔她还是会做一些让我觉得犹豫的事情,我也给予充分的尊重与支持,因为,那是她人生的功课与选择,我能做的,就是让她做她自己。我想,那就是爱吧!

而我觉得这个事情,对我来说是一个非常大的礼物,不只是因为我解决了我跟我妈的关系（啊！这件事真的在我心里卡很久了！她是我妈啊！是我生命中很重要的一段关系啊）。一路走来我很清楚地知道，不管我再怎么逃避，这终将是我人生要面对的课题。解决这件事不是为了任何人，是为了我自己！这里面没有什么上对下的关系，没有什么"哎呀，我都学了这么多年了，我要原谅啊"这种东西，什么都没有，就只是，我要不要诚实地面对我自己！我要不要成为一个更清爽的人，继续走我接下来的人生。

还有最重要的一件事情是，经过这件事之后，我得到了一个工具，我可以告诉别人："只要你下定决心，就是现在！从现在开始，只要下定决心按一个按钮格式化，就可以重新设定。"

而当你格式化之后，你就恢复原厂设定了。所有事情如果再回来，都可以跟自己说"这些东西都是新的"。

当我面对这些所谓"新的"事件或是情绪，我就可以有意识地不再用惯性面对它。如果我还让它无意识地加上来，那就是我的问题。

而且因为我已经得到了这个工具，我可以随时重新设定，这个工具真的弥足珍贵。

当然，你可以说因为某些因素放不下；当然，你可以紧抓着不放；当然，你可以讨回公道，如我所说，那是你的选择。但那都是在你身上的负担。

这就是为什么说"宽恕"很重要，所谓的宽恕不是说我包容你、我比你更大气，或者说我就是比你更厉害，所以我宽恕你。

当你不再计较这些事，你不再跟自己过不去，你不再把所有事情往身上揽，你不再沾黏这些东西了，对我来说这才是宽恕的真理。

对我而言，宽恕不是说我"赦免"你，王才可以赦免你，神才可以赦免你；所谓的宽恕不是说我比你大，所以我赦免你。

而是我想通了，我不想再被这件事情绑住，我宽恕我自己，我宽恕我跟这个世界的关系。对我来说，那才是宽恕的真谛。

在那个当下，我真真切切地宽恕我和我妈的关系，我也宽恕了我自己，我不再要求我自己成为一个一百分的女儿，我只需要做好我自己就好。

这一切没有别人，只有你自己。

你愿意让原生家庭的影响变小吗
面对它、接受它、处理它，最后放下它

人们常说，原生家庭影响我们很多。血缘带来多方面的承继，家庭环境也塑造了我们早年的情绪环境和成长经历，因此父母不只带给我们 DNA，家庭也影响着每个人的习惯、身心的印记与回忆。

然而，我后来意识到一件事情。18 岁以前，你或许可以说："我现在过着这样的人生，都是我爸妈造成的！"但如果你已经长大成人，或许应该回过头想想，其实你是有选择的。你要跟原生家庭维持什么样的关系，那是你的选择。就算你以为自己没有选择，别忘了，那其实是你选择"以为自己没有选择"。

你可以选择让爸妈继续影响你，你也可以选择扛起对自己人生的责任，好好思考，我能想想什么办法？我能为自己做些什么？

"我为我的人生负全责"也是一句对宇宙做出的宣言。这个宣言，从我很小的时候就明白了。

我从 13 岁开始住校，大家都说青春期就是所谓的叛逆期。我是单亲家庭，又是隔代教养，对于当时的我来说，青春期似乎就是一个理所当然可以叛逆的机会！但是，我对叛逆的想象实在太狭隘了，以至于根本想不到可以做些什么来表现叛逆。

于是13岁的我，去喝了一罐啤酒（看！当年的我多么无聊）。可是，这也太难喝了吧！叛逆怎么不是通畅淋漓的爽快，而是这么苦涩又不知趣味在哪儿的呢？于是，大约一周之后，我的叛逆之旅就结束了。一是，我实在也不知道要做什么；二是，当时我心中有一个很重要的领悟：这是我的人生啊！我为什么要为了报复任何人，而选择叛逆呢？

即使是隔代教养，又出身单亲家庭，我也从来没有被亏待过啊。但是为什么，当其他人总说这样的孩子容易变坏，我就觉得要去套入这个公式，去走所谓变坏的路？这一点道理也没有。

这是我的人生，我应该自己决定要怎么去过。

即使我早在年轻时，就发出了这样的宣言，我还是多多少少会被原生家庭影响。甚至直到现在，我已经做了大半辈子的功课，有些原生家庭的影子依然如影随形，我也还在慢慢处理关于原生家庭的问题。或许这些影响不会马上不见，但它能变小吗？绝对可以，因为一切只关乎你我的选择。

我们总是不知不觉中，变成自己爸爸或妈妈的样子。当身边的人提起这一点，还可能立刻激动或愤怒地撇清：我哪有！我哪里像！情绪的反应或许难掩，但当情绪过了之后，你是否能真的静下来去想一想：我哪里像？为什么像？如果那是我无意识的表现，我是否能有意识地去做调整？

因为一切都是我的选择。我可以选择像，也可以选择不要像。我可以选择承接好的，同时选择不去承接那些并不属于我的。

比方说，如果父母有不安和恐惧，我可以选择不去承接那些不安和恐惧。我的奶奶就是一个很没有安全感的家长，可是我可以有意识地选择，我是不是要承接这个家庭的恐惧。我会流离失所吗？其实我这辈子从来不曾真实经历这样的生存危机，但却一直怀抱着这样的不安在生活。那是过去的我无意识的选择。

当我开始觉察我每一个无意识的情绪、恐惧，当它们升起的时候，我会看着它们，问问自己：这是我的吗？每一个浮现的情绪、念头、想法，都通过这样的疑问，慢慢去厘清、去照见。啊，这是来自爸爸的……啊，这是奶奶的……喔！这个是我的，这是我的某些经历尚未处理完成而留下来的。

慢慢我能分得清楚，哪些是我的，哪些不是我的。当你分清楚了，就能进一步去拆解它。拆解完，就能进一步去化解它。化解完成后，也就是准备好和它说再见的时候了。

以前，当我情绪升起的时候，经常会下意识地苛责自己：都已经学习这么久，怎么还会这样！但是后来，我渐渐学会不去苛责自己。当情绪来了，就让它来——有功课上门了！拆解完后，换得一个愉悦的体验，甚至可以把自己的心路历程分享出去。

所有的事情其实都是中性的，只是你怎么看待它

发生在生命当中的每一件事情都有理由，我们会生气、开心、委屈……一切都其来有自。但是，我们不需要去害怕这些情绪，也不要否认或推开它，就去看看里面是什么。或许有些人会想，当我出现恐惧，还要去看看恐惧是什么，那不是很可怕吗？但我总跟自己说，死不了的都没有什么好可怕的。（重点是，死真的是你想象中的那样可怕吗？嗯，这又是另一个话题了。）去看看恐惧会死吗？不会嘛！那就去看看又何妨？总好过不停

反复地自我折磨。

我们可以先从偷看开始。偷偷地看一眼，瞄一眼。然后慢慢地，发现自己可以看久一点了，门缝可以再打开一点了。然后我再看久一点，我看了表面，现在可以再往里面看一点……最后，那份恐惧会很荒谬地像泡沫一样啵一声就不见了，因为它其实根本就不存在。

恐惧之所以存在，是因为你"以为"你在恐惧。是我们把这份恐惧放入脑中、跟它联结，然后告诉自己"我很恐惧"。

蜥蜴可怕吗？养蜥蜴的人觉得蜥蜴可爱得要命！所有的事情其实都是中性的，只是你怎么看待它。

可是如果你知道没有那么可怕……

跟母亲和解没有想象中那么可怕……

面对自己也没有想象中那么可怕……

处理原生家庭的问题没有想象中那么可怕……

没有可怕！

那你就会得到真实面对自己的勇气。

就算退步或状况不稳定也没关系，给自己一点耐心，喘口气，再往前走一点点。我常常说静心也是一样："为什么我昨天做得很好，今天好像又专心不了？可能静心真的不适合我。"

"为什么我昨天心情很好，今天怎么又回去了？我可能真的会忧郁一辈子了。"没关系，今天不能好，我们先放过自己，明天再继续。

每天给自己打点气，不要放弃自己。

我真的很想说，不要放弃自己！即使全世界都放弃了你，请你也不要放弃你自己，因为你是自己最忠实的支持者、你是

第三章 重新与自己联结　157

你自己喊得最大声的拉拉队,请不要放弃你自己。

没关系,即使今天做得不够好,至少也熬过了一天。

有时候就是得熬到那一天真的来了。

然后你会发现虽然时间有点长,但一切都值得。你有时候就是为了那一天来的,你就是为了体会那一天的美好来到这个世界上,成为一个人,所以请不要放弃自己!

曾经有人问我,有什么帮助自己喜欢自己的方法吗?嗯,我不知道适合你的方法是什么,但我可以告诉你,我是怎么喜欢我自己的。

首先,我觉得我自己很有趣。比方说因为我对很多事情都很有兴趣,所以我只要学到新的东西,我都会很快乐,而只要我学到了新的东西,我都会更喜欢我自己,因为我觉得"今天好像又往前走了一点点喔"的那种感觉。

其次,我喜欢被疗愈,当然被疗愈会有一个前提,就是你一定有东西要被疗愈,所以你人生势必要受一点伤。可是也因为明白了这点,至少现在,在我受伤的时候,我都会觉得:"咦?又有东西可以被疗愈了喔!"我反而没有像以前那么沮丧,我会用另外一个角度看待我自己的伤口,而被疗愈的感觉真的非常好。

我也喜欢疗愈别人,所以我会聆听,我会静下心来跟别人说话,我喜欢别人在跟我的谈话里得到一些东西,我喜欢看到人家眼睛发亮。所以我做到这件事情的时候,我也很喜欢我自己。

虽然这也意味着,我有时候必须把重心放在他人身上,因为我如果想要得到这个,我就必须取舍,可是我做到的时候,我会非常开心,也喜欢这样的我自己。

我喜欢笑得很开心的我自己，我喜欢大哭之后，觉得释放很多的我自己。

我喜欢，一天一天更接近自己的我自己。

我都是在这些练习当中，一点一点地更喜欢我自己，所以我觉得每一个人都可以建立自己的"快乐量表"。那都是我练习更喜欢我自己的方式，每天做一件让我自己更喜欢自己的事情就很好了……我就会愈来愈喜欢我自己。

但其实到最后你会明白，不需要这些理由。你喜欢，只是因为你存在，你是你自己。

所以，当事情来了，别害怕也别抗拒，就去看看那是什么。原生家庭给你很大的影响吗？没关系，你知道你是有选择的。把内心的不舒服，当作上天给的机会，让我们有机会去解决。套用圣严法师的说法，当我们面对它、接受它、处理它，最后就能有机会全然放下它。

内心的不舒服，当作上天给的机会，
让我们有机会去解决。

换位思考，让你的限制成为优势
看见生命的礼物无处不在

为人生负起全责，包括决定人生的选择，也包括选择看待事情的方式。

你自认为的限制没有办法定义你，反而可以成为你人生的优势。当我们认为自己无法改变的条件是一种限制，自己的力量就会变得很小很小；当我们用另一种角度将它解读为优势，曾经的限制或许就能找到另一片发挥的天空。

我曾经担任大爱台《圆梦心舞台》的节目来宾，那一次的录影为我带来很大的体会。《圆梦心舞台》是一个身障朋友的圆梦节目，参加的来宾可能是视障、肢障、听障朋友，在节目组的协助之下，一圆心中的梦想。

录影那天，来到节目中的来宾都有与生俱来的视力问题，一位是全盲，一位有严重的弱视。而这两位朋友，恰好都选择音乐作为生命的志业。全盲歌手钟兴叡不仅表演、写歌，也通过写书分享自己的生命经历；严重弱视的陈思斐则是一位音乐老师，虽然她的视力几乎难以看清学生的名字，但她依然称职地扮演着老师的角色。

那一次的录影，让我收获非常多。兴叡一出生就看不见，所以对声音特别敏感，对他人的反应也特别敏锐。因为丧失了视力,所以兴叡的其他感官格外敏锐,举凡听觉、味道、触感……都是他接收资讯的管道,也因此,遇到事情他不会只用眼睛去判断,而会更加用心去感觉。

在我 20 年的主持生涯当中,一直不断地在学习的就是像兴叡这样用心去聆听别人。在我眼里,他的限制其实是一种优势:正因为一出生就看不见,于是兴叡比一般人更早开始练习用"心"聆听,也更早就熟黯了我长大后需要花 20 年去练习的技能。兴叡比我们都更早超越了视觉表象的限制,不用美丑评断好坏善恶,而是能够静心去聆听、感受一个人的本质。这样的他,能通过心看见事物的核心,更清楚感知到旁人话里的含义或背后的意图。这难道不是一份天大的礼物吗?

另一位来宾思斐有严重的弱视,在教学上需要学生有更多的体谅与配合。她总是在上课一开始,就告知学生自己的情况,请学生对她多点耐性。也因此,成为她的学生,就是一堂珍贵的生命课程。学生在思斐的课堂上,不只学习音乐,也学到尊重不同状况的存在。学生们知道老师看不清楚,会自发性地提醒老师注意前方障碍物,学会贴心,学会为他人着想,学会成为一个善良的人。这些都是思斐天生所谓的"限制",在教学生涯中带来的额外礼物。这不是任何一位老师想教就能办得到的。

以前的我,也曾经懊恼自己是个矮个子。从小在学校就只能坐前排,上课不能偷偷做想做的事,看演唱会站在摇滚区,只能看到前面观众的后脑勺,还总得闻着别人腋下的汗臭味。长大工作后也总是得穿高跟鞋,每次照相一字排开,我一定是凹下去的那一个。演艺圈毕竟是个视觉行业,有时我也会因为身高而懊恼。

不过，从另一个角度想，我的小个子有没有为我带来什么样的优势呢？首先，我可以穿童装，这可省了很多钱！还有一次，班机的延误使得我必须长时间在机场滞留，小个子的我即使蜷缩在候机的椅子上，也好好地睡了一觉。身材高大的同行者坐也不舒服，躺也躺不下，相较之下，我获得了弥足珍贵的睡眠时光。当时真心觉得，小个子真好啊！对于我小小的身高，感到无限感谢。

这世界经常用许多奇怪的标准，去判断每个人的优劣好坏，甚至有各式各样的平均值，去定义我们落在人群中的"哪一个位置"。每一个人的落点都是自己独一无二的位置，只是看你如何诠释它，而诠释的方式，也是你我的选择。

我们可以执着地认定那是我的缺陷，也可以选择，把缺陷变成我的优势。

感恩是一种看待事情的角度，能看见生命的礼物无处不在。

除了换位思考，感恩也是一个很好的工具，如果你是一个感恩的人，你会真真切切明白自己是一个运气很好的人，而更多的好运气，就真的会落在你的身上。比方说你会遇到很好的店员，遇到让心情愉快、顺利的小小的事，将这一切一点一点累积，对每一件小事感到感恩，加总起来就是值得令人感恩的一天。度过了感恩的一天、两天、三天……加总起来就是值得感恩的一周、一月、一年，乃至一辈子。

如果你可以度过值得感恩的一生，为什么要把今天浪费在抱怨上呢？你想要的是抱怨的一生，还是喜悦的一生呢？每一天，我们都在做出这样的选择。

就我而言，我清楚地知道，我选择喜悦、我选择想要得到微笑，因此我选择去感恩。骑车在路上，我经常带着微笑，当路人回以我微笑，今天我就得到微笑了！就算没有人回以微笑，重点是我在笑啊！我想要笑，我想要开心，我想要带着喜悦的心情，去度过满足的人生。

满足的人生不是无止境的物质填满，而是当你觉得足够了，你就获得了属于你的丰盈。因此，满足不是银行要有多少存款、衣柜里要有多少衣服、家中是否子孙满堂，而是只要你觉得感恩，只要你一心满足，那样饱满的喜悦，不会被任何外人的评断随意左右。

同样地，只有不幸的人会看到别人的不幸，因为不幸的人总想通过他人的不幸，去证明自己没有那么可怜。一个开心的人，会与更多的开心同频共振，于是总能轻易看见事物的正面。

我有一个朋友，口头禅是"好惨"。不管听别人发生什么事他都会说"好惨"，连听到有人怀孕准备迎接新生命了，他都会说"好惨"。我看着他总想："别人可开心了，你说的是你自己吧！"外面的世界发生的事总是中性的，其实它照见的只是你的内心啊！

当我带着一颗感恩的心，我经常感觉我是被祝福的。感恩让我觉得我很幸运，我能从大大小小的事情当中感觉到自己是被爱着的，因此发自内心感到开心、满足。感恩是一种看待事情的角度。当我选择看见事物中的祝福，就算是同一件事，也能有不同的解读。生命的礼物明明无处不在，我还在这里抱怨什么呢？

而当你总是从感恩的角度看待身边的一切，你会明白，他人对你的好不是理所当然，而是一份美好的礼物。感受到你的这份重视与珍惜，其他人也会更愿意对你好。善的循环就这样建立了起来。

感恩也包括对自己感恩，对大地感恩。生命中的美好不是只能仰赖他人给予，我们也能成为那个爱自己、感谢自己的人，甚至对天地万物的存在感恩。每天早上起床，我做的第一件事是微笑：我谢谢我自己，我真心去欣赏我自己，我称赞我自己。我和我自己之间，建立起这个善的循环，喜悦很自然就会升起。

我喜欢接触大自然。每当我踩在草地上，我总是非常感恩，这世界上有草地的存在，是多么美好的事！树对我来说也是很特别的存在，我会去抱树，会和它们分享我的开心与不开心。树一直都在那里，无论高低起伏，都接纳着我，这让我由衷地感激。

家也是值得你我感恩的存在。房子接受我成为它的主人，无论生活高低好坏，它都无条件地接纳我、疗愈我，让我在其中获得休息与滋养。每天回家，我都对我的房子由衷感谢。当我带着这个心念去生活，我会和我的房子有更多的联结，我会有意识地好好安排，打点我的家，那么当然，它就真的能成为一个滋养我、疗愈我的空间。

我也对生命感恩。我感谢我还活着，还能在人生中经历更多体验与美好。我感谢我勇敢地做自己、成为自己，我勇于面对心中的恐惧，而不是选择逃避。我感谢我是我。这感觉……真棒！

生活中难免会有不尽如人意的事情发生，但我们可以通过练习感恩,转换自己的心念,让痛苦不那么大幅度地盘踞心中。一天只有 24 小时,当你多花一点时间去感恩,痛苦的时间就会相对少一些。

试着去大自然中走走吧!去感受天地无条件的爱。大自然的存在,从来不需要我们花一分钱就能拥有。花草树木的美,自然纯净的能量,都是天地给予我们的礼物。这一切都值得我们心存感谢。

感恩别人,也感恩自己。感恩我是这个世界上无可取代独一无二的个体,感恩我活着,我体验,我呼吸,我存在。如果连自然而然存在的事物都能感恩,你还有什么理由不是活在一个充满恩典的世界呢?

当你多花一点时间去感恩，
痛苦的时间
就会相对少一些。

第四章

选择与爱联结

4 — CONTINUING THE JOURNEY

现在你可以静下来，聆听自己的声音
找回当下的力量

很多人用不同的名称来称呼 Mindfulness 这个单词。有人说，它是一种静心，有人说它是一种叫作"正念"的态度，或者，用简单的话来说，就是"活在当下"。

对我来说，Mindfulness 意味着，时时刻刻带着觉察，去做每一件事。

我们每个人都有内建的自动导航，我也不例外。我们很容易下意识地做出习惯性的反应。这并没有不好，因为在日常生活的 24 小时里，我们需要一定程度的自动导航机制，才能把更多精力放在需要的地方；同时，自动导航也让我们能在日常间隙有放空、休息的可能。

然而，我们需要注意的是，我们是不是在很多时候，让内在的自动导航主导了我们的生活？比方说，心爱的人和你说话的时候，你是否嘴上应着，心里却在烦恼其他的事？参加家庭聚会的时候，你是否人在心不在，只顾着玩手机？你在洗碗、洗衣、做家事的时候，心里是否想着："我赶快做完这件事，等下就可以……"当你把心思放在未来，现在的你，就只是无意识地让自己自动导航。

你是否也曾有过这样的经验：如果一件事情在完成后没有

留下证据，事后的你，有时无法完全确定自己是否真的做过它？比如，要不是看到衣服已经晾在外头，你其实根本忘记自己刚才晾过了。如果有，那就表示，做那件事的当下，你陷入了无意识的自动导航。

近年来，许多人都在推广静心，强调静心对生活的益处。的确，5年来，静心为我带来很大的不同，让我的生命有很大的成长，于是，我也非常鼓励人们静心。

静心就像运动，也像学一种语言，我在持续做这件事的过程中，能看到我的生命变得截然不同。就像持续运动会看到肌肉出现，持续练习新语言会发现自己单词量变多、交流变得有自信，静心也是一样。它带来的是生命真实的变化，只是在每个人身上，呈现的方式不同。

许多人都误以为，静心就是坐下来，盘腿、点香、点蜡烛……好像一定要有什么仪式，才能做到这件事。但对我来说，只要我时时保持觉察、有意识地待在当下，无论做什么，都是在静心。

当我观照着内心去说话，我说话的时候就是在静心。我时时注意着，我真正想表达的是什么？我说出来的话会对他人造成什么样的影响？这就是静心。

当我带着觉察去做料理，那么煮饭也是在静心。我投入每一个当下，从食材的挑选、处理，到炉火上的调味、拌炒、熬煮、装盘……上桌时我用心品尝、细细咀嚼，这无疑就是一趟完整的静心过程。

当我带着觉察投入料理，我发现自己竟然可以在厨房站着4小时不累。因为，料理不再是一份日常必须完成的"工作"，而是我跟食物沟通、跟我自己相处的方式。我对这个食物有多了解？它希望我煮多久？我要放多少调味？现在的我想吃多咸？我真的需要这个食物吗？这里面包含着很多的自我对话，是密集又频繁地在照见我的内心。

晾衣服也是一样。我常发现，当我有意识地带着觉察去晾衣服，跟无意识完成这件工作的时候，晒出来的衣服是完全不同的。当我有意识地晾衣服的时候，我好好拿起，铺整，挂起每件衣物，甚至会按照颜色、长短去排列……这样晾晒的衣服，通常干了以后件件笔挺，完全不需要熨烫。然而，当我无意识地只是完成展开、挂好、上架的动作，每件衣服晾完都像咸菜干一样。

衣服没有被好好关注、照料，它不开心；穿上这样的衣服，我也不开心。如果我能在每一个当下把事情做好，那么每一件事情都会按部就班地以美好的状态呈现出来。

如果在做每一件事的时候，我们都能带着意识去觉察，就不会无意识地伤害别人、伤害环境、伤害自己。对我来说，这是一个非常重要的练习。也因此，我经常会提醒自己别忘记时时检查自己的状态，避免陷入自动导航的模式。

比方说，我有一个惯性，就是喜欢一天安排好几件事情来做。我总认为，充实的行程是效率的展现。我充分利用我的时间，回应别人对我的需求；忙碌意味着有很多人需要我，当我一一完成，我为自己感到骄傲。后来我才发现，正是因为忙碌，所以我一直在赶时间。我无法带着余裕去完成每一件事，也没办法仔细享受每一个当下。察觉到这一点，我现在会有意识地减少我的工作，或者尝试不同的排列组合，去试着调整这个惯性，找到最适合我的节奏。

静心，就是一种自我对话和贴近自己的方式

静心让我听到真正内心的声音，那个内心的声音不是像"你应该要成功""你应该要更努力"这种来自外界的声音，而是像"我想要什么""我做这件事情快乐不快乐？喜欢不喜欢？它有给我压力吗""我是什么"的自我对话。

静心的时候，我不需要向任何人交待。当下只有我和我自己，没有任何外界的眼光会检视我、评断我……从头到尾，就只有我自己。于是我可以忠实地聆听内在的声音。当我需要做决定的时候，静心帮助我厘清内在的感受，我知道我可以选择聆听内在的声音、做我最想要的决定，或是有意识地在权衡后做出其他的选择。

举例来说，当亲戚邀约家族活动，当下我内心的声音或许是"我好累，我不想去"，但同时我也明白，"我的出席能让长辈开心"，于是我可能会选择不遵从内在的渴望，因为我知道让长辈开心，可能对当时的我来说比在家休息更重要。因为这是我有意识做出的选择，所以我内心很清楚这次出席的意义和原因，于是就不会无意识地因为"好像不去不行"而赴约，到了现场又别扭或不开心地臭脸。

所以我会说，静心很重要。

通过静心，内在充足的对话过程，能让我们贴近自己的内心、觉察自己的声音；在做任何决定的时候，都清楚地知道"我是如何走到这一步"，我做出了什么取舍，而不是蒙着眼无意识地被推着走。当我们有意识地觉察自己，每一个决定都会是经过判断、思量而完成的，你会知道自己为什么做出这样的选择，而后，也只需要遵从、尊重自己的决定就好。

帮助我们听见内心真正的声音，就是静心最基本的效果。而当我们能聆听到自己的声音，再往内深一层看去，会发现，静心能帮助我们接引到内在更深的智慧。你会看见，有许多智慧就在自己的内心，而你可以得到它。

《神隐少女》里有这样一句话："曾经发生的事情不会忘记，只是暂时想不起来而已。"我始终相信，我们与生俱来都有能力和内在的智慧做联结。内在的这份智慧或许有许多不同的称谓，有人称之为指导灵、高我，或者简单地说，那就是最真实的自己……但对我来说，它们都存在于我的内心，它们都是我的一部分。我不需要往外求，因为它就在我之内。我只需要静下来，就能聆听到它们的声音。

静心还能帮助我们调整频率。有时候，我们很难静下来，是因为自己很容易被外在的事物影响。比方说，身边的人总是浮躁，或者悲观，或是动不动就怒火朝天，这样的能量都可能影响到自己。又或者，身边的人经常找你讨论某些话题、灌输他的价值观，也可能让我们受到影响，开始怀疑自己对类似事件的方式对不对。

这时，我们可以做的是静心。

静心能让自己的心静下来，真正去思考：我要的是什么？旁人说的那些，真的是我要的吗？他的考虑，是我的考虑吗？当我们转了5个电视台，发现每一台都在讨论同一件事，就会不自觉地觉得这件事情很重要。但，这对你来说真的是重要的吗？静心可以帮助我们调整频率，回到自己的内心，去选择你真正觉得重要的事。

我也常常鼓励大家阅读，选择好的读物、选择你认为频率好的人去接触。人有自己的频率，书也有作者带来的频率。当你常常接近好的频率，你的能量会和它共振，你的身体就会记得那样的频率，你也会记得当下的感觉。

于是，在静心的时候，你可以有意识地让自己调整到那样的频率。

静心就像运动一样，一开始或许不那么容易，但当你习惯了，就会很快进入状况，和你想要的频率共振。于是，我可以在静心时，选择进入我想要的频率。我想进入慈悲的频率吗？或是喜悦的频率、平静的频率？通过静心，我可以更准确、更聚焦地调频。

然后，关于静心，最后一个重要的提醒是不要沉迷，不要停留。

尝试静心的过程中，一定会得到许多不同的体验。可能有惊奇，可能有喜悦，可能有恐惧，但是请记得，不要停留。持续地静心，持续地往里面看，你会得到更多。不要执着于某个体验不放，一定要记得继续往深处走，继续往里面看。这是我能给大家最大的提醒。

所有能帮助我们回到内在的工具，都只是不同的协助途径。我们不应该将它当成浮木紧抓不放，而是通过工具帮助我们理解、厘清，最终贴近真正的自己。当我们能时时刻刻与自己在一起，工具的在与不在，也就不那么重要了。

以上提到的静心，是从工具的角度去诠释，真正的静心远远不只如此。然而，对于初学者来说，光是简单地试着有意识地让自己静下来，就能体会到静心带来的莫大帮助。

第四章　选择与爱联结　175

用轻松的心态去接近自己，没有什么需要执着

我一开始并没有接受过专业的静心训练，对我来说，静心是时刻可以进行的活动，不需要有太多的限制和考究。不是一定要在多么能量神圣的地方，要怎么样盘腿或点香、点蜡烛才可以开始静心。

只要能找到让自己可以安静下来的地方，旁边甚至有人也没有关系。姿势舒服就好，但唯一的要求是背要挺直。当然躺着也能静心，只是躺着很容易睡着。所以刚开始尝试入门的朋友，维持背部挺直会比较好。

身体定位之后，就可以开始静心。而最简单的静心练习方式，就是关注呼吸。

杨定一博士的方式是，用"我在"（I am）结合呼吸：吸气（我）……吐气（在）……

然而我自己一开始练习静心的时候，并没有采用上述方式，我只是数息。从 1 数到 10，然后再一次从 1 数到 10，再一次从 1 数到 10……通过数息，把意识不断带回当下。时间长短，可以视每个人的情况去决定。

刚开始，我并不要求自己一天要静心很久。或许只是数息 10 分钟，心静下来之后，再用 10 分钟觉察内心的声音。

前 10 分钟我观照呼吸，后 10 分钟我会给自己一段时间，去感受今天我要探索的主题。通常当我的心静下来，主题就会自然浮现。这几天我的困扰、最近我一直很在意的事……你的心被什么占据，哪件事情需要一个答案才能尘埃落定，它自然就会浮现出来。于是，你可以通过静心的这段时间，去到内心，

寻找进一步的答案。

例如我想观照我最近的工作状态，我想知道这份工作是不是真的适合我。我会用这段时间，去深入看看，这当中有什么是我需要更细致去省察的？有什么是影响我做决定的因素？有什么是阻挡我遵从内心的？或者如果没有特别的主题，也可以不去设定。放空也好、发呆也好、继续数息也好，就让该发生的自然发生。

要是数息时静不下来，也不要苛责自己。或许今天不是一个适合静心的状态，如此而已。就像运动一样，今天天气好不好、昨天我有睡好吗、现在我心情如何，都可能影响我的运动表现与体验，这些都是很正常的事。所以请别因为一次的失败就丧志，也不需要强逼自己达到什么样的标准。请容许自己也会有高低起伏，带着信心持续尝试。

在练习静心过程中，我们都可能被思绪带走，这是很正常的事。当你意识到自己分心了，只需要再把自己带回来就好，回到你的呼吸、回到你的真言、回到你的数息。再一次从一开始数，再一次聚焦回你的当下。当你忙着数息，脑中就没有空间让其他思绪占据；同理，要是你忙着责怪分心的自己，脑中的空间也会被挫折与自我怀疑占据。所以，过去的就放下，跑开了，就把自己拉回来。一次一次练习，就会使你更驾轻就熟。

对自己带着更多的宽容，用轻松的心态去接近自己，没有什么需要执着。

静心也不一定只能坐着，只要带着觉察专注于当下，跑步也可以是一种静心。敞开心去探索，从中找到最适合自己的方法，就是一种自我对话和贴近自己的方式。只是这样单纯地静静地与自己同在，就带给我莫大的成长与喜悦。

在这样做几年后，我开始问自己："只是这样就可以了吗？会不会还有别的方法让我得到更多的学习呢？"我开始参与不同团体举办的禅修内观活动。不管是什么方法，我都诚挚地邀请大家进入静心的世界。

静心究竟能带来什么？请大家在真正尝试实践之后，一起体会属于自己的答案。

静心就是当下

退一步看，不陷入情绪漩涡
这个情绪是谁的

2013年，韩国上映了一部叫作《素媛》的电影。这部电影带给我很大的影响，对我来说是相当重要的。

电影改编自2008年发生在韩国的一件真实的儿童性侵案。8岁的女童在上学途中，被强奸累犯赵斗淳拐入厕所，犯下惨无人道的暴行。她不只遭到性侵，最终她的大小肠流出体外，鼻子和小腿骨折，内耳发炎。父母接到消息时，她已在医院准备进行紧急手术，她的性器官与肛门遭到严重损害，可能必须以人工肛门和尿袋度过余生。

影片从不同视角，详尽描绘了事件过程中，所有相关人员的心路历程。我们能看到，家人、孩子与同侪都承受着莫大的压力与自责；除此之外，包括邻居和媒体的反应，在影片中也都有完整的呈现。导演李浚益为了让所有演员能完整地经历故事，呈现最真实的情绪，每个场景完全按照事件发生的先后时间，以顺拍的方式进行拍摄。

电影上映后引起社会莫大的回响。韩国民众多次向青瓦台请愿，累积高达60万人次的连署，最终成功修改儿童性侵法，成为艺术影响政治的社会实例。而《素媛》对我来说，就像《萤火虫之墓》一样，是情绪张力很强的片子。虽然导演在拍摄时，以巨大的爱包裹了整部作品，但故事中的每个人都承受了太大的悲痛，以至于我经常哭到不得不中断，必须分两三次才能看完。

2019年，我从新闻上看到当年性侵女童的罪犯，刑期将满，即将出狱，韩国全民震怒。当年，法官以赵斗顺酒醉精神状态不稳为由，最终仅判处12年徒刑，于是2020年他将重获自由。看到这则新闻，我气愤难平，无法坐视不管。当年观看电影时我感受到的所有悲伤，似乎瞬间又回到我身上，并且化为极大的怒火。

我发了信息给韩国的朋友，说："我不知道为什么会这样，但我心里出现一个想法，我希望他死掉！"但我从来不是这样的人。无论受了多大的委屈，我从来不曾希望任何一个人死掉。

晚上男友回到家，我把这件事情告诉他。他冷静地看着我，问："这个情绪是你的吗？"听到这句话，我的心重重地沉了一下。嗯，我问我自己："这个情绪是我的吗？"

我突然明白，我是在看电影过程中，承接了当时所有受伤的人的痛苦与愤怒。像这样巨大的社会案件，伤害到的是整个社会，而不只是受害者与家人。那样庞大的恐惧感与沉重的创伤，即使事件发生在异国他乡，观看电影的我，依然无意间吸收了所有这一切。

这个情绪不是我的。

如果我想对这个事件带来什么帮助的话，我要做的并不是承接这些情绪。在家里大哭、去诅咒任何一个人死亡，对这件事情都不会带来一点帮助。如果我认为法律需要改变，如果我希望儿童能获得更多的保护，我应该去设法为此多做些什么，这样才是和这个事件缔造正面的联结。

情绪上来时，可以先问问自己"这是你的吗？"

当你生气、当你受伤的时候，请先停下来想一想，这个情绪是你的吗？当你在网络上写下愤怒的、伤害的、诅咒的留言时，或许需要先停下来想一想，这股愤怒、这些仇恨，真的是你的吗？如果不是，那么写下谩骂的留言，能为这事件带来什么呢？这么做又能为你带来什么好处？

当我想诅咒犯罪者去死的同时，我很清楚地感觉到，那股愤恨不仅是一种对外的攻击，同时也在对我自己造成伤害。于是我才惊觉，我不能随便诅咒别人！所有的一切都会回到我的身上。

很多时候，我们以为自己很生气，但其实那些情绪都不属于我们自己。

我们经常无意识地承接太多来自外界的能量资讯，如果没有清楚地分辨，就很容易陷入其中。因此，当我们因外界事件情绪高涨的时候，请有意识地觉察，这是我的吗？我能做些什么对这事件有益的事？我能做些什么对我自己有益的事？别让情绪占据了你。

当你把这样的问句放在心中，带着意识去检视，就已经是分辨的第一步。

对自己提出这个问题，就相当于先退开一步，带着一点距离看待现状；也等于，你选择有意识地让自己不被情绪无尽卷入，你知道自己不是只能深陷其中、什么也做不了，也知道自己不需要去承担不属于自己的部分。

于是，光是提出这个问题，那些不属于你的，就已经开始在脱落。

常常，当我们陷在某个复杂的情况里，会觉得千头万绪理不清。这个问句是一个开始，帮助我们一件一件去检视和厘清：这个是我的（我承担）……那个不是我的（我归还）……这个不是我的，但我愿意承担（我承担）。这样的分辨过程或许不是一蹴可几，但通过不断的练习，一定会愈来愈纯熟。

给自己"等一下"的空间，无论是情绪深陷的时候、事态胶着的时候，或是你感觉自己偏离了中心，失去了笃定的方向感的时候，都可以对自己说"等一下"，让自己停下来，冷静一下，多想一想。

"等一下"是一个停顿，是一份提醒，也是一个喘息。它帮助我们暂时抽离现状，停下脚步去客观检视目前的情况。它为我们带来心理上的空间和沉淀思考的时间，让我们能好好盘整内心，再继续上路。

"等一下"也帮助我们和情绪拉开距离，让我们站在自己的位置上，不被情绪带着跑。愿意告诉自己"等一下"，表示我们愿意拿回自己的主导权，停或走、向左或向右，"等一下"之后，慢慢厘清。我要继续生气吗？我要继续哭吗？我选择怎么做？没有什么事情不能停下来，只有你是否愿意。

当我在机场崩溃大哭的时候，在我年轻时拼命赚钱不知所为为何的时候……我都曾经告诉自己："等一下。"我真的要这样做吗？这样做是对的吗？我为什么要这样做？在停顿中，我再次思考、厘清，调整行动的方向。在人生的各个阶段，在生活的各种时刻，我们都能受益于这样的停顿，让自己更有意识地前进。

下一次，当你我又卷入巨大的情绪时，请记得我们还有这些方式可以使用，我们都可以试着不被吞没。

第四章 选择与爱联结

"等一下"是一个停顿,是一份提醒,
也是一个喘息。

思考死亡才能活出人生
死亡不意味着结束

死亡是世界上唯一公平的事，因为无论出身贵贱、相貌美丑，每个人都不可避免地有死去的那一天。于是对活着的人来说，"思考死亡"是非常重要的事。"思考死亡"不是想着结束生命，而是把"终将一死"放在意识当中，进而思考：在死亡到来之前，你想怎么活？

华人经常避谈死亡，把它视为一种触霉头的忌讳。然而，正因为我们无法公开谈论、事先思考，于是当死亡发生在我们生命中，我们会手足无措，突然惊觉自己并不知道如何面对它。于是，提前"思考死亡"是一个极佳的工具，它不仅帮助你我时时检视生命的现状，更让我们有意识地决定"我想怎么活"。我想在我离开之前，在我亲爱的人离开之前，怎么样好好珍惜彼此相聚的日子？我想做哪些事情，去好好活出此段人生？

我思考死亡的方式之一，是写遗嘱。写遗嘱是整理人生的一种方式，通过盘整现状，你会知道有什么需要交待，有什么会被留下，有什么是你现在就能做的，而不是等到真正死亡之后留下遗憾。如果到最后，你的遗嘱内容只剩下分配财产，那你何不现在就好好利用你的钱呢？

在思考遗嘱的同时，生命中的轻重排序也会清楚地呈现出来。什么事情对你来说是最重要的？什么让你最放心不下？谁对你来说最重要、最值得托付？万一遭遇不幸，为了减少家人的挣扎和痛苦，是否应该提前思考是否放弃急救？是否捐赠器官？这些都是值得你我思考的问题。

2018年参与《明天之前》系列纪录片的拍摄，里面有两个关于生死的议题：安乐死与人类永生。结束之后，人们经常问我，你会安乐死吗？你想选择永生吗？对我来说，这些问题终归会回到一个主题：你有好好活过吗？你对得起好好呼吸着的每一天吗？生命中有许多无常，没有人能拍着胸脯保证，明天一定会和今天一样好好活着。好好把现在的每一天过好，才是最重要的事。是什么阻挡了你，去活出一个无怨无悔的人生呢？（这本书看到这里，你应该可以回答这个问题了吧？）

思考死亡，某种程度上也在协助我们面对亲人与挚爱的离世。我的爷爷奶奶都是久病在床之后离开的。即使多年来我以为自己做了充足的准备，当死亡到来，那份失落、那种心被挖空的感觉，以及随之而来的疗伤，直到最后找回自己……每一幕都真真实实，在我的生命中血淋淋地上演。

面对挚爱离世，或许永远没有所谓足够的准备，能让我们轻松度过、迎刃而解。2011年，我的爷爷离开。那是我在生命中经历的第一次至亲的死亡，也是最痛的一回。爷爷从小拉拔我长大，是我最亲爱的人，也是世界上第一个教会我无条件地爱的人。每个人的生命中，或许都有这样一个人的存在：他（她）举足轻重、地位无可取代，让你成为现在的你。这样的人就像闹钟一样，用他的生命无比响亮地告诉你，应该停下来好好看看现在的人生。而死亡，就是一个最大的提醒。

当这个重要的人死去，你我的生命会受到极大的撼动。于是我们会不经意地想寻找更多人生的意义，想找到我们自己，我们无法再忽视一直以来视若无睹的生命僵局，更渴望活出自己、更渴望改变。

爷爷离开时，我受到的冲击非常大，因为当时我对死亡的思考还太少。同年，我的外婆离世。接着是我伯公、干爷爷、伯父、奶奶、继母……10年来我经历了多次生死之别，我能发现，当自己每一次再度面对死亡，状态都变得不一样。

现在的我明白，死亡不意味着结束。爷爷虽然离开了，但他仍在我们一大家子的生活当中。我们仍然经常谈起关于爷爷的过往，我们身上流着他的血液，有着他的基因。他的爱和看顾，一直都充满在彼此亲密支持的每一个家人身上。

此外，我知道我们终将再见。爷爷只是完成了这一世的人生功课，进入下一段旅程。因此爷爷不是就此消失，我们只是暂时别离。想念他时，我依然可以对他说话，而我知道，他都知道。

死亡这堂课，我也还在学习、还在体会。但死亡教会我的是，要更加珍惜每一个心爱的人在世的时刻。因为我知道，每一个人的存在，都不是理所当然。

这是我的学习，也是我选择理解死亡的方式。属于你的理解方式，又是什么呢？

观照自己身体真实的反应
仔细聆听，身体都有答案

很多人遇事拿不定主意时，总会说："我需要找个老师帮我确认一下，我想找个医生帮我检查一下……"但其实，身体就是你我最好的老师。再也没有什么，比身体的感觉更直接的了。

我们的身体都明白自己最需要什么。

这东西好不好吃？对身体有没有益？只要观察吃下去之后，身体舒不舒服、愉不愉悦就知道了。和价钱无关，也不该由头脑判断，因为，身体都有答案。

我非常喜欢吃好吃的东西，因此，我和身体之间已建立起训练有素的沟通管道。食物下肚，我就能通过身体清楚地知道，这食材新不新鲜？食物有没有被好好对待？烹煮的人用不用心？我的身体开心吗？要建立起这样的沟通管道，需要我们用心体会自己的细微感受，与身体密切合作。

身体喜欢的食物，吃下去会感觉通体舒畅、充实满足；身体不喜欢的食物，即使价格再贵、餐厅再高级，饱腹之后可能依然空虚、不满足、很累，或觉得哪里怪怪的。仔细聆听，身体都有答案。

除了食物之外，身体还能告诉你，你喜不喜欢一个人。

身体是很诚实的，肢体语言说明了一切。如果我坐在一个不喜欢的人身边，很可能我的身体会下意识地隔着一段距离，或稍微侧身背对他；如果我对同桌的人都非常亲近，我的身体会是放松的，手不会交叉在身上仿佛要防卫自己（很冷的时候除外）。人跟人之间的距离也是，有些人会让你很想靠近，有些人只会让你想弹开。从身体的反应，就能看出你喜欢或不喜欢、快乐或不快乐。

身体的反应也表现在精神的饱满或虚弱。有些人能让我们越聊越起劲，讲一晚都不厌倦，有些人却是越聊越累越消耗。经常，我们习惯从头脑去判断日常决策：吃这个对身体很好；老朋友约我吃饭我当然要去。然而，头脑理智的判断，并不见得是真的适合你的解答。

即便是营养丰富的食物，也不见得是你的身体当下一定需要的食物；即使是和老朋友吃的一顿饭，过程也不一定能让你享受其中。当你在结束后感受不到内在升起的自然喜悦，那就是身体在告诉你，你其实不适合这样的食物，你不喜欢待在那个地方、和那样的人在一起。所以，别被头脑骗了！

除此之外，我们也要时时刻刻关注自己身体的状态。包括你睡得好吗？消化状况好吗？容易累吗？在每个当下去观察，而不是等到累积成疾，才不得不去处理。关心身体的方法，无非是不断地观照、聆听，并且善待。今天我的身体感觉如何？有点疲倦，那么减少不必要的行程。当我懂得善待我自己，我会知道，再也没有比照顾身体健康更重要的事了。

为什么塔希提的疗愈体验对我来说很重要？因为那一刻让我明白了"身体是一把钥匙"，身体是一个很好的提醒、身体是你的伙伴，它就是会在关键时刻告诉你"你搞砸了"的那个角色，它就是要你回过头来，看看自己是哪里出了问题？其实身体时时刻刻在提示我们，只是因为它不说话，所以你很容易忽略它的存在，而且我们很容易滥用它，让它过度操劳等，但其实答案都在身体里。

你如何毒害你的身体？不管是用快的或慢的方式，你身体最终都会成为一个像警钟般的提醒，而如果你看到了，那就是生命转折点。而且身体不离不弃地陪伴你，最终，能陪你走完人生全程的，不是父母子女伴侣，而是你的身体啊！

在拍摄纪录片《交换礼物》过程中，我曾经问自己，我们到底是不够了解疾病，还是不够了解自己的身体？

你是把自己的身体看成器官的组合，还是理解我们的身体是个环环相扣的整体？你知道你的心理状态与情绪直接影响到身体健康吗？你知道现在不同器官的疾病其实反映着你有不同的情绪与心结累积在那里吗？你知道你的呼吸方式会影响到你脸部的结构吗？你知道你的咀嚼习惯会让你的脸形不平衡吗？你知道你平常是怎么坐怎么走路吗？你知道你怎么对待它就会如实显现给你看吗？你知道身体有很强的自愈能力，只是看你有没有启动它吗？

我常说，疾病是身体写给我们的情书。当你收到的时候，你有好好停下来阅读吗？还是你就把这封信丢给医生任由他处理呢？

身体是我们认识自己最佳的工具之一。从生活中细微的地方，一一去关心什么能滋养你，什么会消耗你；什么会带给身体更多正面的回馈，什么会带来负面的影响。然后根据身体，而非头脑，去为自己做出最好的决定。或许你会发现，身体真的藏有许多头脑不知道的奥秘。然而现在发现也不晚，身体永远乐意和我们分享它的所知，只需要我们愿意去观照、去聆听。

我们都在路上，生命都是礼物

很多人误认为所谓的"人生成就"，是银行里面的数字、是子孙满堂、是福禄寿喜；可是事实上，大家都忽略了，如果你得到了所有这些外在的东西，而你还是不喜欢你自己的话，心里面永远会有一个空缺，而那个空缺会促使你不断地找别的东西填满它，一直到你离开这个世界那天为止；这时你才意识到："原来我并没有完成我此生最重要的一个功课，就是好好地成为自己。"

我人生其中一个重大冲击发生在大一。高中时期，我的成绩都很好，但上了大学之后，身边高手如云，每一个人都超级聪明。如果想像以前一样名列前茅，花上吃奶的力气都不知道做不做得到。此外，我的很多同学，在高中时都已经接触许多课外领域，而我只知道一心准备考试。同学们课内课外悠游兼修，我是全神贯注，心无旁骛，现在才得以和他们坐在同一间教室里。那份冲击，对当下的我来说非常巨大。

大学的打击像海浪一样，一波接着一波来。一直以来只懂得准备考试的我，不会写报告。我不懂得找资料，不明白怎么组织自己的想法……甚至当时我才惊觉：原来我"可以"有想法！对以往的我来说，学习就只是填答考试而已啊！挫折感不断在心中累积。现在回想起来，其实我也可以选择自暴自弃、放弃这一切，但我很庆幸我没有选择这条路。

在人生中，我们有无数的借口可以走上歪路。然而，大学四年却教会我，人不是只有单一的价值。以前我以为成绩就是一个人的全部，但其实，人生还有许多选择与可能性。我们都无须自我设限。

有一回，我在台东认识了一位13岁的小男孩，圆圆胖胖的，是个品行端正的孩子。他是我经常去池上拜访的一位朋友带在身边的小孩。朋友告诉我："这孩子天性很好，但不知道为什么，从小就喜欢神轿……"孩子从小不爱念书，只喜欢上网看神轿。他和父母关系不好，所以热心善良的朋友一直关注他、照顾他。

"喜欢神轿没有不好，人生可以有很多选择。但我会建议你多少读一点点书，读一点点中文、读一点点数学……"我告诉孩子："数学好一点点，你就可以自己量神轿的角度，自己测试，你不会骗别人，也不会被别人骗；中文好一点点，有朝一日你要是做了桌头（神译），神明的信息可以传递地更清楚。多明白一些事情，你的选择就会更多了。"

读书应该是自己为自己做的选择，而不是因为父母期望我们这么做。而所谓的书，也不只是为考试而读的课本，而是多方面的充实。充实感来自内在更多的获得，不是滑滑手机、看看网络影片消遣而已。现代社会资讯如此丰富，然而，当海量的资讯近在眼前、唾手可得，我们是否有好好利用这样的时代优势，从中获取真正可以运用在生活中的知识或技能呢？

能够被活出来的，才是真正的学习。随时保持学习的心情，就相当于对这世界时时保有好奇心。无论你在学的是什么，语言、运动、手工艺、创作……每投入一个新世界，都是在让自己投入这广大无穷的世界。寻找能让自己满怀热情做的事，多多了解自己。当我们了解自己，才会懂得取舍，懂得拣择，知道如何把自己放在对的生命处境当中。

活出自己也包括别对自己说谎。好好花工夫去认识自己、了解自己，做出适情适性的选择。当你真正明白自己的长处、自己的渴望、自己的快乐来源，对的人和对的机会，才能找到你。我们不需要勉强自己去追求不会带来快乐的成就，也不需要为符合他人的期望，去成为不是自己的样子。我们必须先活得快乐，才有能力为身边的人带来幸福。

活出自己，有时也包括面对和他人需求的冲突

以往我会很想分辨做自己与自私的差别，后来当我看了《被讨厌的勇气》，我意识到，所谓的"不自私"若是违反自己的意愿，那也是一件极度不健康的事。不是每个人都要成为一个"我为人人"的人，但当我们做出选择，就要承担那样的后果、自己负起人生的责任，不能期望"人人为我"。

我们身边或许都有像这样的朋友：温柔懂事，总是在关系中妥协；受尽委屈却一再忍让。过去的我，总会为朋友打抱不平，但现在，我不这么做了。因为，每个人的人生都来自自己的选择，即使受委屈，那依然是自己的选择。如果不愿忍受，是不是能勇敢地沟通呢？你的想要说了吗？你尊重了对方的想要吗？

顾及他人的想法并不等于不做自己。我们永远可以练习去拿捏、调整关系之间的界限。我如何在保全自己的同时，依然尊重对方也是一个独立的存在？

对我来说，那重要的基准或许是，这里面有没有爱？

带着爱，我们可以试着沟通、试着顾全彼此的需要，试着

找到两人都满意的解决方法。如果能让一切事物为之所是，就不会有界线的存在，也没有你和我的分别。因为所有人都是一体，都是被包含、被考虑在内的。而健康的关系永远来自尊重彼此。当你只是试图表达自己的真实、捍卫自己的快乐，又怎么能说这是自私呢？对彼此诚实，是对自己负责，也是对彼此的关系负责。

所谓的自私，都是来自他人的评断，而那经常是因为，你的想要防碍了对方的想要。每个人对自私的标准都是不同的，少有人能够做到真正的大爱。大部分的人，包括我在内，都活在灰色地带里；我们唯一能做的，只有试着从天平的两端保持平衡。

我选择这个书名，就是希望告诉大家"人生最大的成就，是成为你自己"，提醒大家"你有想过这件事吗？你有成为你自己吗"？我想要这本书在书架上的时候，就是成为一个疑问句、一个 Question Mark——"你有好好地成为你自己吗？"

它是一个开端，当你拿起这本书，你可以跟我一起思考"你有好好成为你自己吗"？然后，通过这本书，听我分享，这是我思考自己有没有"好好成为自己"的人生历程。

我不敢教别人怎么探索，只能说说我探索自己的过程，如果我的例子能够给你一点点启发，那就是我存在的一个非常大的理由，而我的探索之旅不只是对我个人有意义而已，希望也能够成为一个温暖的陪伴和提醒。

陪伴你，告诉你，你并不孤单。

提醒你，我们都在路上，生命都是礼物。

现在
你也可以和我一起在路上。

后记

AFTERWORD

这本书的诞生充满波折。

一开始，编辑小白出现的时候，他想找我出一本跟纪录片《明天之前》有关的书。但这个主题在年初的时候我已经与大田出版社谈好合作（书名叫《一期一会的生命礼物：那些让我又哭又震撼的跨境旅程》，在2021年年中出版），只好跟他说不好意思。没想到他并没有放弃，一直问我，那你还有什么想分享的故事呢？我想起这几年来，我频频向不同出版社提起我想出本关于我的"灵性旅行"的书，只是一直被拒绝，我鼓起勇气跟小白说了我的想法，没想到他说，好啊！那我们就来谈谈看。于是这本书的旅程开始展开。

进行到一个段落，我们还加入了一位伙伴Hareen，她对一起完成这本书的邀请感到跃跃欲试，但也说了只是谈灵性之旅好像有点没意思。人生的旅程有很多种，曾经经历的事件与成长也是旅程的一部分，主题可以稍稍转弯来讨论"什么是爱自己"吗？我想，在全世界都停止大范围移动的当下，出一本类旅游书好像有点不合时宜。再加上，当时我有一位好朋友陷入了低潮，发现这件事的我跟他说，你怎么不来找我聊聊？我就在这啊！你要会使用我啊！那时的我好想出一本书叫"我的使用手册"，告诉我的朋友如何使用"我"，以及如何使用"我"（一个我是我，曾宝仪，一个我是阅读这本书的我，你自己）。于是我欣然接受书的方向大转弯。

进行到一个段落后，Hareen似乎明白了些什么，提出她可能得提早离开同行的旅程，总编Ann、编辑小白与我，对于她有真实面对自己的勇气感到钦佩，也对她送上了祝福。继续工作的我们，也深深明白，要是一起参与这本书的每一个人，都能先义无反顾地走上真诚面对自己的这条路，这样我们完成这本书才有意义啊！

快要截稿前，我的母校台大有三位学生轻生。当我看到新闻的时候心想，学校或许教会了我们科学技术，探索这个世界的方法，但好像没有一堂课教会我们成为一个人，成为真真正正的自己。你从来不只是外在标签的总和。大部分人都只用露出水面的冰山一角来界定自己，而其实在水面下，有一个更大的你等着你去发现，去活出来。这些事件也让我更加笃定地想要完成这本书。

于是一步一步，这本书变成今天这个样子。

甚至到了截稿的一周前，我正在校稿，正在完成这篇后记的同时，我分别跟我最亲爱的家人以及我男友发生不小的争执，他们不约而同地对我说出，你怎么都要出书了，口口声声说自己学习了很多，教人沟通，教人认识自己，但还这么瞎？

在这个疑问句不断出现的时候，我更确定了一件很重要的事情，也是我在进行这本书的同时不断提醒自己与正在阅读这本书的你的核心，我的确没有资格教任何人任何事情，我能做的只是分享。分享我一路上的跌跌撞撞，分享我曾经有的痛苦挣扎，那些真实发生过的体悟与眼泪。很有可能，再过一段时间回过头看，我会觉得写下这本书的自己真是幼稚与狂妄（其实现在我就已经这么觉得了），但我想分享。我还在路上。每一天的我都还在练习，每一天的我，都还在发掘靠近那个终极真实的自己。我是大家的同学，互相提醒与勉励。不是因为我"会了"所以可以"教人"，而是我想跟大家站在一起。寻找的这条路上或许遍布荆棘，但我们不就是为了义无反顾地体验这一切而在这里的吗？

谢谢蒋勋老师。谢谢老师在百忙之中实现了我的愿望。在动荡不安的 2020 年，因为在网上看到老师读《金刚经》的影片，让我开启了每日读经的契机，每天读的时候也会想起老师。读了 100 多天后，生起了想请老师写序的念头，但又觉得这实在有点超出我人生的想象，迟迟不敢发出邀约。但我转念，书里不是说"你与奇迹之间只隔着相信"，而我能做的就是先跨出那一步，然后相信！我相信我的人生会带我去对的地方！尝试实现这个想法，会给我的人生带来勇气！于是，就有了那篇仿佛写出了我人生秘密的序。这中间的转折几乎就是我这本书里想分享的精华。

谢谢蔡璧名老师。您的《正是时候读庄子》在我人生关键的时候出现在我的生命里，让我用一种更亲近的方式认识经典，也让我得以认识那位很酷的先行者。收到您的序的那天早上，我再次拿起书架上的书，翻开自序，不禁热泪盈眶。您的赠序仿佛是一张成绩单，——检视这些年来我是否活出了您的叮咛与教导。于是我明白，通过活出来，您书里的文字已经刻在我的灵魂里。真心，真心谢谢您！

谢谢我的朋友盈萱。谢谢你曾经陪我走过的那些又哭又笑的日子。在我人生很低潮的时候认识了你，是老天送给我的礼物，因为在你面前我能勇敢地展现那些很容易被定义为不堪的那一面，你让我知道，一切都没关系，一切最终都有所归依。

谢谢所有无私挂名推荐的前辈朋友们，我曾经在你们的分享里收获许多，谢谢你们成为我的养分，也成为这本书的力量。

谢谢总编 Ann。谢谢你在成书过程中投注的大量的爱，不管我提出什么奇怪的要求，或是在过程中的兴奋与焦虑，你都无条件地照单全收，让我可以"为之所是"，安心地没有批判地做自己。于是我可以倾囊而出，因为我知道，你都知道。

谢谢编辑小白。谢谢你的起心动念，谢谢你的不离不弃，谢谢你在过程中投注的大量热情而且从未怀疑，希望你喜欢"我们的"作品。

谢谢插画 Bianco。当我第一次看到那一张一张手绘的图像时，一度让我怀疑，那些时刻，你就在我旁边！也谢谢你在我不断嫌弃自己字很丑的时候，依然用我的手写字当封面。让我全然体会，不管好不好，那都是我的一部分，我欣然接受。

谢谢 Hareen。谢谢你在这本书上灌注的能量，谢谢你诚实地面对自己与我们，让我们知道原来在制作与阅读这本书的过程中，人是能真真正正产生变化的。

谢谢我的家人与我的另一半，谢谢你们总是用最严苛的眼光审视着我，但又用最温暖的爱包容着我。

谢谢所有出现在我生命中的发生，让我明白，没有好的不好的，都是成长，都是祝福。

最后谢谢我自己。

生而为人，我很幸运，也很开心。